科技探索·第一视野

KEJI TANSUO DIYI SHIYE

CONGMENGXIANG DAO FEIXIANGLANTIAN

U0869606

王建 编著

从梦想到飞向蓝天

最新鲜的百科知识
最酷炫的探秘信息
前所未有的想象力激发方式

ZUI XINXIAN DE BAIKE ZHISHI
ZUIKUXUAN DE TANMI XINXI
QIANSUOWEIYOU DE XIANGXIANGLI JIFA FANGSHI

中国出版集团
现代出版社

图书在版编目（CIP）数据

从梦想到飞向蓝天 / 王建编著 . — 北京：
现代出版社，2012. 12（2024.1）
ISBN 978 - 7 - 5143 - 0797 - 9

Ⅰ . ①从… Ⅱ . ①王… Ⅲ . ①宇宙 - 青年读物②宇宙
- 少年读物 Ⅳ . ① P159 - 49

中国版本图书馆 CIP 数据核字（2012）第 285551 号

从梦想到飞向蓝天

编　　著	王　建
责任编辑	杨学庆
出版发行	现代出版社
地　　址	北京市安定门外安华里 504 号
邮政编码	100011
电　　话	010 - 64267325　010 - 64245264（兼传真）
网　　址	www. 1980xd. com
电子信箱	xiandai@ vip. sina. com
印　　刷	三河市人民印务有限公司
开　　本	710mm × 1000mm　1/16
印　　张	14. 5
版　　次	2012 年 12 月第 1 版　2024 年 1 月第 9 次印刷
书　　号	ISBN 978 - 7 - 5143 - 0797 - 9
定　　价	59. 80 元

版权所有，翻印必究；未经许可，不得转载

前言 PREFACE

从梦想到飞向蓝天

渴望像鸟一样飞翔可能是人类最原始也最强烈的梦想，古人眺望神秘辽阔的天空在心里演绎着飞天的梦想，给我们留下了许多动人的神话传说，这激发了人们制造飞行器，把神话变成现实的热情。为了这个梦想的实现，人类进行了一场延续数千年的梦想接力赛。

约公元前 300 年，我国的墨子制造了世界上最早的风筝——木鹞；公元二三世纪，最早的热气球天灯在中国被发明；1783 年，法国的孟格菲兄弟在凡尔赛宫前把一个巨大的热空气球送上了天空。1784 年 7 月，法国罗伯特兄弟制造了一艘人力飞艇，充氢气后可产生 1000 多千克的升力。1847 年，英国的乔治·凯利制作了一架大型滑翔机，把一名 10 岁的男孩子带上天空。而出生于 1848 年的德国人李林塔尔则最早设计和制造出实用的滑翔机，并第一次提出了“曲面机翼比平面机翼升力大”的观点，为后来飞机的发明做出了最科学的理论准备。1903 年，美国的莱特兄弟制造出了第一架依靠自身动力进行载人飞行的飞机“飞行者”1 号，并且获得试飞成功，标志着飞机的诞生，从而让人类飞行天空成为现实。

飞机诞生后不久，人们想到在战争中用飞机来侦察敌情。1910 年 6 月 9 日，法国陆军的玛尔科奈大尉和弗坎中尉驾驶着一架亨利·法尔曼双翼机进行了世界上第一次试验性的侦察飞行。1915 年德国研制出装有射击协调器的福克 E. I 飞机，机枪固定在机身头部，穿越机头的螺旋桨旋转面射击而子弹不会击中旋转桨叶。这种飞机的出现，从根本上改变了空战的方式，提高了飞机空战能力。

1961 年 4 月 12 日，苏联发射了世界上第一艘载人飞船“东方”1 号，将宇航员加加林送上了太空，开创了人类进军太空的新纪元。1969 年 7 月 20 日，美国宇航员阿姆斯特朗与奥尔德林乘坐“阿波罗“11 号登上了月球，是飞行之路上的一个里程碑。1981 年 4 月 12 日，美国第一架航天飞机“哥伦比亚”号在肯尼迪航天中心首次升空，航天飞机的出现为人类自由进出太空提供了很好的工具。

人类依靠自己的不懈努力一步步实现着飞行之梦，尽管取得了许多辉煌的“飞行”佳绩，然而宇宙中星球无数，人类到过的还只有月球；宇宙无限广阔，人类的航天器还没有飞出太阳系，所以任重道远，飞行之梦还在继续，人类探索的步伐永不停息……

目录

CONTENTS

从梦想到飞向蓝天

CONG MENGXIANG DAO FEIXIANG LANTIAN

航天飞行器

飞行之梦

CONG MENGXIANG DAO FEIXIANG LANTIAN

千百年来，人类都有一个飞行之梦，渴望像鸟一样自由自在地翱翔在浩渺蔚蓝的天空。在中国古代，流传着“嫦娥奔月”的传说，在西方有代达罗斯父子做翅膀逃跑的神话。人类用他们富有激情和超凡的想象力，描绘着那瑰丽绚烂的飞天梦。不过，飞行之梦做得漫长而艰辛，无数人为之付出了血汗、智慧甚至是生命，其中有许多令人难忘的片断：会飞的木鸟，最早的飞人，再到飞行器的鼻祖——风筝，然后气球和热气球出现了，接着飞艇出现了，直到20世纪初飞机的发明，人类的飞行之梦才真正变成现实。

嫦娥奔月

我们每个人都有一个充满幻想的童年，那时候，都情不自禁地会对空中滑过的飞鸟、花间翩翩起舞的蝴蝶羡慕不已，幻想自己要是能长上翅膀飞起来该是多么惬意。动画片中那些会飞的主人翁，就是孩子们渴望飞行的象征；而每当中秋节，一边吃着月饼、仰望晴朗夜空中皎洁的月亮，一边听老奶奶讲述月亮上面捣药的玉兔、嫦娥在月宫里面翩翩起舞的故事。这让幼小的心灵蠢蠢欲动，恨不得也飞到月亮上面去旅游参观一次。

可是在古代，人们对鸟儿只能羡慕，对月亮只感到神秘。他们望着神秘辽阔的天空，在心里演绎着美丽的幻想，给我们留下了无数人类飞天的神话和传说。

传说我们的始祖黄帝就是骑着龙到天上去做神仙的，征服洪水的大禹也曾经驾着龙到天空游玩。传说中的周穆王访问西王母的时候，曾经乘一辆“黄金碧玉之车”，腾云驾雾，以日行万里的速度奔向西方的昆仑山；而作为主人的西王母，乘坐的是一辆更为华丽的“紫云车”。再比如那个脍炙人口的成语“乘龙快婿”就说的是秦穆公的女婿是乘龙的萧史，女儿是跨凤的弄玉。他们都能在空中自由地飞来飞去。战国时候的伟大诗人屈原在他的著名长诗《离骚》里，想象自己坐在飞龙拉着的车里，在空中飞行：云彩像一面面旗帜迎风飘扬，凤凰在他的旁边飞鸣。他飞过高峻的昆仑山，飞过望不见人烟的流沙，最后到达广阔的西海。至于《西游记》里那个大名鼎鼎的孙悟空，更是了不得，“点头八百，扭腰三千，一个筋斗就是十万八千里”。至今保存在甘肃敦煌石窟里的壁画，还给我们留下许多美丽动人的“飞天”的形象。

我国古代关于嫦娥奔月的传说是最为广泛流传的民间故事：

嫦娥奔月是远古神话。“嫦娥”亦作“常娥”，据说是古代英雄、神射手后羿的妻子。古书《淮南子 · 览冥训》里面这样记载：“羿请不死之药于西王母，姮娥窃以奔月，怅然有丧，无以续之。”大意是一位名叫嫦娥的女子，非常漂亮，她感到人间生活的寂寞，向往能腾云驾雾，像鸟儿在天空中自由翱翔。她的丈夫后羿从西王母娘娘那里得到了长生不死药。有一天，嫦娥趁丈夫不在时，偷服了长生不死药。没想到一会儿，她就变得身轻如燕，抱着心爱的小白兔不由自主地飞了起来。最后告别了凡间，一缕烟儿似的一直飞进月宫，来到月宫过着神仙的生活。

嫦娥飞到月宫后，时间久了，感到“琼楼玉宇，高处不胜寒”，开始想念人间和丈夫，就像李商隐的诗里面说的，“嫦娥应悔偷灵药，碧海青天夜夜心”，正是她孤寂心情的写照。嫦娥向丈夫倾诉懊悔，又说：“平时我没法下来，明天乃月圆之候，你用面粉做丸，团团如圆月形状，放在屋子的西北方向，然后再连续呼唤我的名字。到三更时分，我就可以回家来了。”第二天晚上，后羿照妻子的吩咐去做，嫦娥果然由月中飞来，夫妻重聚，中秋节做月饼供嫦娥的风俗，也是由此形成。表现这一情节的嫦娥图，当是世人渴望美好团圆，渴望幸福生活的情感流泄。

你知道吗

嫦娥有墓在山东

嫦娥墓位于山东省日照市的天台山上，陪伴在大羿墓的旁边。据说大羿与嫦娥开创了一夫一妻制的先河，后人为了纪念他们，演绎出了嫦娥飞天的故事。

大羿和他的妻子嫦娥死后就葬在日照汤谷太阳文化源旅游风景区内的天台山上。当地人称之为大羿陵。

还有个传说，有个仙人叫吴刚，因为他犯了过失，被罚到月宫去砍伐一株五百丈高的桂树。结果是砍下去以后，桂树就会自动愈合，吴刚只好一直不停地砍树。毛泽东在那首著名的《蝶恋花·答李淑一》的词中，也引用了这个故事，说吴刚捧出桂花酒来招待烈士的忠魂，嫦娥也为他们翩翩起舞。

随着科学技术的发展，我们中华民族的飞天梦想终于实现！

2007年10月24日，在长征火箭的托举下，我国第一颗探月卫星——嫦娥一号在西昌卫星发射中心发射成功，于11月7日进入200千米的环月工作轨道；经过一年多时间的绕月飞行，2009年3月1日16时13分10秒，嫦娥一号卫星在北京航天飞行控制中心科技人员的精确控制下，准确溅落于月球东经 52.36 度、南纬 1.50 度的预定撞击点，实现了预期目标，成功完成硬着陆。撞击月表的一瞬，也是这位中国首个探月使者生命的最后一抹绚烂，为中国探月一期工程画上一个圆满的句号。“嫦娥一号”在空中度过了 495 天，大大超过其为期一年的设计寿命。嫦娥一号发射成功，中国成为世界第五个发射月球探测器的国家地区。

伊卡洛斯飞向天空

不仅中国古代流传着这些飞天的神话，外国也有很多类似的神话传说。

古希腊有一则神话：在公元前 1200 年前，有一个心灵手巧的建筑师代达罗斯，他用斧头、锯子、钻和胶来建筑宫殿、帆船。后来，他被诬告犯有叛国罪，从雅典放逐到地中海的克利特岛。在克利特岛上，代达罗斯建造了迷宫，盼望在这个迷宫中能抓到牛首人身的怪兽。这件事触怒了克利特岛的国王，国王把他和他的儿子伊卡洛斯囚禁在他建造的迷宫中。父子两人想离开这个苦难的地方，回到故乡去。但国王阻挠他们回国，没有国王的命令，是不可能得到任何船只的。一天，代达罗斯看到大雁南飞，灵机一动，就想方设法收集了不少海鸟的羽毛，把这些羽毛用藤和蜡固定起来，做成了翅膀。也给他儿子伊卡洛斯做了一副翅膀。他们将翅膀固定在背上，腾空而起，飞出了监狱，翱翔在海洋上空。儿子伊卡洛斯由于年轻、好奇，竟不顾父亲的劝告，越飞越高，一直飞到太阳附近。

基本小知识

克利特岛

克利特岛位于地中海北部，是希腊的第一大岛，总面积 8300 平方千米。行政上属于克利特大区。克利特岛是爱琴海最南面的皇冠，它是诸多希腊神话的源地，过去是希腊文化、西洋文明的摇篮，现在则是美不胜收的度假胜地。

不幸的事情终于发生了：太阳的高温熔化了翅膀上的蜡，羽毛做的翅膀散开了，这个勇敢的年轻人就掉进了海洋里，魂飞魄散。代达罗斯悲痛万分，只好孤身艰难地飞往西西里岛，在那里安度晚年。后来，人们为了纪念这个勇敢的小伙子，就把埋葬他的海岛叫作伊卡利亚。

会飞的木鸟

古代向往飞行的神话，美妙动听，典雅隽永，激发了人们制造飞行器、把神话变成现实的兴趣。通过大胆地追求与努力，尝试去叩开通向蓝天的大门。

那些传说中的人物，都是我国古人幻想中的“飞行家”。那些传说和神话，说明人们没有放弃飞天的幻想，希望总有一天，能够自由自在地在空中飞来飞去，而不甘心永远待在地面上。

在我国的一部古书《山海经》里，记载着这样一个故事：从前，西方有个奇肱国。那个国家的人会猎取飞禽，还会造飞车。人坐着飞车就可以随着风飞到很远的地方去。汤的时候，有一次刮西风，刮来了奇肱国的人和飞车；隔了十年，有一次刮东风，又把人和飞车刮回去了。

知识小链接

《山海经》

《山海经》是先秦古籍，是一部富于神话传说的最古老的地理书。它主要记述古代地理、物产、神话、巫术、宗教等，也包括古史、医药、民俗、民族等方面的内容。除此之外，《山海经》还记载了一些奇怪的事件，对这些事件至今仍然存在较大的争论。其中最有代表性的神话寓言故事有，夸父逐日、女娲补天、精卫填海、鲧禹治水等。

奇肱飞车的故事，反映了人类关于飞行的幻想和神话，又有了进一步的发展。在这个故事里，人们不仅不再把希望寄托在从来没有见过的会飞的“龙”的身上，而且也不再依赖“灵丹妙药”了。他们想靠自己的双手，制造出一种器械来乘风飞行。这个理想有了现实的意味。随着技术的逐渐进步，这个理想逐渐有可能实现了。

人最大的特点，是会把自己的幻想付诸实践。有飞行的理想，就必然有飞行的实践。

公元前5世纪初，正是我国春秋、战国交替的时代。那时候，学术很发达，呈现出“百家争鸣”的繁盛景象。特别是生产技术有了进一步的发展，铁制工具已经开始广泛使用了；机械学、物理学、军事工程学的初步原理，也被一些人掌握了。在这个思想和物质的基础上，出现了墨子制造的会飞的木鸟。

墨子名翟，约生于公元前468年，约死于公元前376年。他是当时著名的哲学家、政治家，又是多才多艺的科学家。以他为代表的一个学术派别，叫作“墨家”。墨家的学说，后来被汇集成一部书叫作《墨子》。在《墨子》里，主要记述了墨子的思想以及墨子和他的弟子们的言行；此外，还有一部分，讲的是机械制造和战争防御的方法。在这部分材料里，还涉及有关力学、声学、光学、几何学等方面的基本原理。因此，《墨子》这部书，不仅是我国早期的哲学著作，而且是我国早期的科学著作。

墨子重视实践，曾亲手制作守城的器械，技术很高明。据说，他曾经带领300多个弟子专心研究飞行原理，花了3年的时间，制成一只会飞的木鸟，古书上把它叫作“竹鹊”或者“木鸢”。关于这件事，我国很多古书里都有记载。有的说：“墨子为木鸢，3年而成，蜚（飞）一日而败（坏）。”有的说：“墨子削竹为鹊，飞三日不下。”有的称赞那只木鸟，说它反映了当时制作技术的最高水平。有的讥笑墨子，说他浪费三年时间造出一只飞了一天就坏了的木鸟。

根据古书上记载的材料，我们可以推测：那是一架用木材或竹材制成的鸟形飞行器，它或者利用高坡下滑的力量，或者凭借风力，可以上升起来，并且在空中飞行一段不短的时间。这种凭借空气的浮力在空中飘飞的飞行方式，叫作滑翔。但是也有人猜测，那只木鸟是模仿飞鸟制作的，因此，可能是振动翅膀来飞行的，不是滑翔。这种振动翅膀的飞行方式，叫作振翼（也叫扑翼）飞行。至于那只木鸟有多么大，古书也没有明确的记载。但是，从300人专心研究试制了3年这一点来看，我们可以推想，那只木鸟的制作规模是比较大的，不会是仅仅像小鸟般大小。

关于制作“木鸢”的故事，也有人把它算在鲁班的账上。

鲁班，又名公输班，是我国春秋时代最著名的匠人。民间有许多关于他的传说，把他看作土木工匠的始祖，亲切地称他为“鲁班师傅”。我国现在建筑工程方面的最高奖，就叫“鲁班奖”。他曾经制作过攻城用的“云梯”和水战用的“钩拒”，这在当时是个了不起的发明。由于他的制作技术超过了同时代人的水平，因此人们把他神化了。后世人把许多同他不相干的工程，像北京城的角楼和赵州的石桥，都说成是他创造的。也有人把他看成是“木鸢”的发明者，而且夸大地说他曾经乘着这架木鸟飞到空中，窥探过宋国的都城。

拓展阅读

鲁班尺

鲁班尺，建造房宅时所用的测量工具。长约42.9厘米，相传为春秋鲁国公输班所做，主要用来校验刨削后的板、枋材以及结构之间是否垂直和边棱成直角的木工工具。1鲁班尺=0.8市尺。鲁班尺产生不久即融合了丁兰尺，后又融入寸、厘米。是度量、矫正的重要工具。由于其特殊的功能，在风水文化、建筑文化中使用最为广泛。

在2000多年以前，科学技术水平还是很低的，没有条件制作能够乘人的飞行器。因此，上面的说法是否可靠，还没有定论。但是，鲁班和墨子同是著名的工程家，并且基本上是同时代人。墨子能够造一只会飞的木鸟，鲁班也未必造不了。只是从现有的史料来分析，鲁班造木鸟的说法，附会的成分更多一些。不管那只木鸟是墨子造的，还是鲁班造的；不管那只木鸟飞一日也好，飞半日也好，总之，反映了这样一个历史事件：那就是在2300多年以前，我国就出现了人类历史上第一架飞行器。这在我国科学技术发展史上，应该看作是一件了不起的大事情。由于古书的记载太简略了，历代的学者又认为那只会飞的木鸟没有实用价值，所以没有给以应有的重视。那只木鸟的制造方法也没有流传下来，这是很可惜的。

墨子或者鲁班制作的那只木鸟能够飞上天空，要是人装上两个大翅膀，是不是也能够飞上天空呢？一定有不少古人怀着这种想法和希望，也一定有不少古人曾经做过种种幼稚的飞行试验。

最早的飞人

这种例子在古书中有不少。

早在中国汉朝的王莽时代，一位猎人萌发了飞天的愿望。他用鸟翎编成一对大翅膀，绑在身上，模仿鸟的飞行，靠臂力扑动羽翼，进行了第一次飞行尝试。他从高处跃下，据说当众滑翔了数百步之远。

公元 19 年，王莽发动攻打匈奴的战争。他下令招募怀有特殊技能的人，想依靠新花招来取得胜利。这道命令下达以后，有很多人前往应征。有的说渡河可以不用船；有的说，他有一种药，吃了可以好久不饿，真是无奇不有。其中有一个人自称会飞，并且夸口说，能够一飞千里。王莽一听很高兴，就叫他当场试验。那位无名的“飞行家”就在当时我国的首都——长安举行了飞行表演。在东汉时期的史学家班固写的《汉书·王莽传》里，关于这次飞行，有这样一段记载：“取大鸟翮为两翼，头与身皆（都）著毛，通引环纽，飞数百步，堕。”

这是关于人在空中飞行的一次重要记录。可惜，这段文字太简略了，不仅那位“飞行家”的姓名没有给记下来，而且他的飞行方法——“通引环纽”法，是振翼飞行，还是滑翔，或者是振翼和滑翔并用，现在也很难断定了。那位“飞行家”虽然没有做到像他自己所说的“一飞千里”，而且这种“飞行”没有什么实用价值，但是，尽管“飞”了几百步或者只是几十步，这在当时也是一件了不起的创举。

模仿鸟的飞行的尝试，国外也有很多次。800 年前英国有一个叫阿尔理斯查的人，身穿用鸡毛制作的“飞行衣”，轻飘飘地站在建筑物的高处，探索飞天的路。围观的人暗暗为他祷告。结果，这位勇敢者向前扑腾了 60 多米，摔到地上，当场壮烈牺牲了。

意大利、土耳其等地方也先后发生了用自制飞翼飞行的事，结果多半是不幸丧生了。

欧洲文艺复兴时期，意大利的天才画家达·芬奇分析了鸟的飞行原理，画出了许多奇特的飞行器草图。他设计了一种“单人扑翼机”，他的一个仆人用“单人扑翼机”做了飞行尝试，结果摔断了一条腿。

广角镜

达·芬奇睡眠法

达·芬奇是一位刻苦勤勉、惜时如金的人，他创造的定时短期睡眠延时工作法千百年来引人津津乐道。这一方法是通过对睡与不睡的硬性规律性调节来提高时间利用率，即每工作 4 小时睡 15 分钟。这样，一昼夜花在睡眠上的时间累计只有不足 1.5（$24 \div 4.25 \times 0.25 = 1.41$）小时，从而争取到更多的时间工作。

装有“机关”的飞行器

从木鸟和风筝再向前发展一步，就出现了装有“机关”的飞行器，以及有关飞行原理的初步探讨。

东汉时期，出了一个杰出的学者名叫张衡（公元 78—139）。他在天文学、历法和机械工程学等方面，对当时和后世都有很大的贡献。他曾经创制过观测天文的浑天仪和测定地震方向的地动仪，制得非常精巧、准确，是世界上最早的精密仪器。据说，就是这位大科学家，经过不断地研究和试验，终于制成了一架装有“机关”的飞行器，叫作“木雕”。那只木雕的最大特点，是在它的腹中安上了“机关”，只要开动机关，它就能够独自飞出好几里远。

古书上对那只木雕的记载，只有“腹中施（加上）机”和“能飞数里”等几句话。那只木雕的实物和图样也没有保留下来。因此，它的形状怎么样，腹中的机关是些什么，现在已经无法知道了。虽然，在当时的技术条件下，那只木雕“能飞数里”还值得怀疑；但是，张衡首先设计用机械作为飞行的动力，这是一项了不起的试验。

东晋时候的学者葛洪，对飞行的原理做了一些探讨。他发现：老鹰平伸两个翅膀，不扇不摇，也能够在空中盘旋而上。他根据前人的经验和自己的发现，提出了一个制作“飞车”的设想。他认为：制造“飞车”应该用质地坚韧的枣心木和牛革做材料；内部安上机器；可以不用扑打的翅膀，仿照老鹰那样平伸着翅膀就行。他认为根据这种设计制作的飞车可以升到四十里的高空。他的这种设计，好像没有做过实验；“升四十里”，也是不可能的。但是，这个设想却符合飞行的原理。

基本小知识

葛　洪

葛洪（284—364或343），东晋道教学者、著名炼丹家、医药学家。字稚川，自号抱朴子，晋丹阳郡句容（今江苏句容县）人。三国方士葛玄之侄孙，世称小仙翁。他曾受封为关内侯，后隐居罗浮山炼丹。著有《神仙传》《抱朴子》《肘后备急方》《西京杂记》等。

第一，使车子飞起来，一定要用机器。单凭风力和人自己的力量，是不能做持久飞行的。用机械作为飞行的动力，才是飞行的发展方向。

第二，像老鹰那样平伸翅膀盘旋上升的现象，是一种滑翔现象。葛洪注意到这一点，就为人们指出了这样一种可能：制作飞行器不要老在学鸟儿那样“振翼”上打圈子，可以从固定不动的翅膀上找出路。直到现在，飞机的两翼还是固定不动的，就是因为实现振翼飞行在技术上还有很多难以克服的困难。葛洪的这一见解是很正确的。

到了唐朝，一个天才的工匠韩志和又制作了一架极为精巧的飞行器。

韩志和在机械制造方面有很大的成就。有一次，他特地给皇帝制造了一张“龙床”。那龙床装饰得非常华丽，却显不出有什么特点。但是，只要踏着床上的机关，就立刻出现一条矫健的龙，像在云雨里翻腾着。因此，那张床也叫作“见龙床”。可笑的是那位自命为“真龙降世”的皇帝，一看见那条假龙，却吓得心惊肉跳，立刻叫人把床撤除了。从这个故事里，我们可以看出，韩志和的制作技巧确实达到了惊人的地步。

据说韩志和曾经制作过一架飞行器，外观像鸟儿一样，能够做饮水、吃东西等动作，还能够鸣叫。重要的是只要开动机器，它就能够凌空高飞，升高 100 尺左右，飞行距离约为 400～500 尺。

韩志和生活的唐朝，是我国历史上科学文化非常昌盛的一个时代。据古书记载，当时的其他工匠也有会制木鸡、木鹤的，有的会舞，有的会飞。这些精巧的木制器物，反映了 8—9 世纪时候我国劳动人民在木工技术方面的高度成就，也反映了当时我国对飞行技术的探讨达到了相当的水平。

17 世纪，我国苏州出了一个能工巧匠徐正明，他花了近 10 年时间造出一架带旋翼的“飞车”。人坐在“飞车”的椅子上，脚踩踏板，通过机械传动旋翼，“飞车”居然离地一尺多高，腾空越过一条小河。徐正明为制“飞车”负债累累，家境日益贫困，没有办法继续改进他的设计。他死后，妻子悲痛欲绝，一气之下把“飞车”付之一炬。可惜呀，世界上最早的载人飞行器就此失传了。

模仿鸟的扑翼飞行的尝试失败后，人们从风筝飞翔和山鹰的滑翔中得到启发，又开始滑翔道路的探索。

1850 年，英国的“飞机之父”凯利爵士制作了许多风筝式样的滑翔机，他以沙袋载重滑翔成功。1853 年，凯利爵士制成第一架可载人的滑翔机。此时凯利年事已高，叫仆人代替上天试验。他用滑翔机把仆人送过山谷后放掉拉绳，仆人在空中滑翔了一段距离，直吓得面如土色魂

拓展阅读

现代滑翔机的种类

滑翔机的种类很多，根据材料结构、用途、性能、座位等不同情况分为若干种。①按材料结构，可分为木质、金属、玻璃钢和混合结构滑翔机。②按用途，可分为研究、运输、训练和竞赛滑翔机。③按飞行性能，可分为初级、中级、高级滑翔机。④按竞赛级别，可分为标准级、公开级、15 米级和俱乐部级滑翔机。

飞魄散，却成功地开创了滑翔飞行的道路。

德国人奥托·李林塔尔和他的弟弟古斯达夫·李林塔尔按照鸟飞翔的原理，1891 年制成悬挂式滑翔机，试飞成功。李林塔尔对滑翔机研究了 20 多年，投入全部精力，一生中进行了2000 余次试飞，是举世公认的“滑翔机之父”。他告诉大家，人类虽然不可能像鸟儿一样振动翅膀飞行，但却可以有一副不动的翅膀，利用风的浮力在天空中自由飞行。他还准备在滑翔机上装发动机，实现动力飞行。不幸的是，他在 1896 年的一次滑翔中遇上狂风，机坠人亡。

苏格兰的年轻工程师派尔彻吸取了李林塔尔的经验，造出了“甲虫”式、“海鸥”式和“隼”式滑翔机，多次飞行成功。后于 1899 年驾驶“隼”式滑翔机时，遇到坏天气，滑翔机摔坏，他自己受了重伤，不久死去。

19 世纪最后十年，人们进行滑翔机实验的热情空前高涨。许多有名的科学家都投入这一实验，其中有发明速射机枪的马克沁爵士，发明涡轮蒸汽机的帕森斯、法国的阿德博士、美国的兰利教授等。然而他们的实验，都一个接一个失败了。人们得出的结论是：发明像鸟一样飞行的飞机，就像发明永动机一样，是永远不可能的事。

飞行器的鼻祖——风筝

古书里还有关于用风筝载人飞上天空的记载。

风筝，也叫纸鸢或风鸢。它的制作方法很简单，人人会做，处处能做。制作纸鸢，不像制作木鸟那样，要费去墨子及其弟子的 3 年时间。人们利用休息时间做个风筝，在阳光明媚的日子里，把它放上天去，把自己对蓝天的向往，对飞鸟的羡慕，也都一起带上天去！

纸鸢做成后，再削竹为笛，绑在鸢身上。竹笛随着纸鸢升入高空，迎风发出呜呜的像筝一样的鸣声，所以叫风筝。

风筝的制作越来越大，技巧也越来越高明，于是，在历史上出现了风筝载人的记载。

事情发生在公元559年。当时，北齐的君主高洋是个非常残暴的统治者，常常拿人命当儿戏。他同姓元的大家族发生矛盾，先后杀了那个家族的成员721人，只剩下一个叫元黄头的人。但是，高洋还不甘心，为了杀害元黄头，他又想出一个新花招。他命令元黄头和许多囚犯一起集中在金凤台上，让他们乘着席做的风筝从台顶上往下“飞”。那金凤台据说高67丈，所有的囚犯一个个从台上“飞”下去，全摔死了；唯独那个元黄头却一直随风“飞”到城外，竟然安全地落了下来。后来，元黄头还是被高洋害死了，不过这我们且不去管它。从飞行的角度来看，这件事情值得重视。这是我国风筝载人的一次成功的飞行。可惜，风筝在统治阶级手里，或者当作玩具，或者竟然成为杀人的工具。

拓展思考

鲁迅《风筝》节选

故乡的风筝时节，是春二月，倘听到沙沙的风轮声，仰头便能看见一个淡墨色的蟹风筝或嫩蓝色的蜈蚣风筝。还有寂寞的瓦片风筝，没有风轮，又放得很低，伶仃地显出憔悴可怜模样。但此时地上的杨柳已经发芽，早的山桃也多吐蕾，和孩子们的天上的点缀相照应，打成一片春日的温和。

四面体风筝，可以数数看有多少个四面体

在战争里，利用风筝传递消息，像后世用鸽子传递消息一样，这在古书的记载里，也有一些例子。下面就是突出的一个。

781年，唐朝的一个节度使田悦发动武装叛乱。他亲自带兵围攻临洺（今河北永年东北）。临洺城的守将张伾率领士兵坚守了一个多月，城中粮食已经吃完，眼看支持不住了。那时候，唐政府派往救援的军队，已经进到临洺的外围，因为情况不明，一时没有向叛军发动攻击。张伾就写了一封告急的信，系在风筝上，放了出去。那风筝高高地飞过田悦驻军的上空。田悦看见了，命令善射的兵士用箭射击。由于风筝飞得高，目标小，射出去的箭都落空了。结果，前往救援的唐军获得了那只风筝，得到了情报。唐军立刻发动进攻，打败了叛军，解救了危城。那只风筝完成了任务，立下了战功。

2000 多年前中国人发明的风筝，虽然不能真正把人带上太空，但它确实可以称为飞机的鼻祖。

广角镜

日本风筝的独特风格

风筝传入日本的时间，大约是在唐代，是通过遣唐使从中国带往日本的。风筝传入日本后，原是作为军事方面传递讯息之用，直到江户时代才在民间流传开来。早期的风筝多为长方形和金半圆形，上面没有任何装饰。到了明治时代，浮世绘的画风已形成日本风筝的独特风格，让风筝的艺术与欣赏价值大为提高。

1899 年，俄国乌里杨宇上尉指挥的军用风筝队参加了演习。同一时期，俄军的涅日丹诺夫用风筝从空中拍摄了地形照片。

气球与热气球

回顾人们征服天空的历史，就不能忘了气球。气球在人类航空史上，占有非常重要的篇章。因为在飞机真正成为大众化空中运输工具以前，带动力的气球也就是飞艇，是人们唯一可以跨越地理空间的飞行运输工具。

热气球的发明是很早的，因为使用火是人类进化过程中最重要的大事，人们在使用火时发现，空气被火加热，就会变“轻”而上升，于是几经总结试验，终于发明了热气球。至于是谁、在什么时候发明了热气球，已经无从考查。但是热气球却一直流传了下来。现在，我国很多地方在举办庆祝活动时，仍然会制作一些“孔明灯”，也就是热气球来助兴。

200 年前，人们就实现了热气球第一次载人飞行。热气球由球体、加热器、吊篮等组成。球体是不漏气的布匹制成的一个大气袋，下部为进气口，把鼓入球体中的空气用加热器加热膨胀，成为比空气密度小的热空气，产生浮力上升，带动载人吊篮升空。现在在体育、广告、摄影等方面仍大量使用热气球。在欧洲一些地方，每年举办的盛大热气球比赛，都会吸引很多人来凑热闹，成为当地的一大盛事。

趣味点击　孔明灯的传说

孔明灯又叫天灯，相传是由三国时的诸葛孔明（即诸葛亮）所发明。当年，诸葛亮被司马懿围困于平阳，无法派兵出城求救。他算准风向，制成会飘浮的纸灯笼，系上求救的讯息，其后果然脱险，于是后世就称这种灯笼为孔明灯。

据史料记载，1901—1902 年间，已经有外国人在中国上海的张家花园（味莼里）做了载人气球飞行表演及跳伞表演，观众须买票观看。这是在中国大陆首次出现载人升空飞行。

如果在密封的气囊里面充着比空气轻的氢气、氦气等气体，气球一样可以飞上天，这就是气球，也有人叫“轻气球”，意思是比空气轻的气体做的气球。

1896 年，在德国出现能在风中稳定飞行的椭圆形气球。这也是气球向飞艇发展过程中的又一过渡构型。

1901 年 7 月 31 日，德国气象学家伯桑和苏瑞在乘气球飞行中创造 10800 米的高度纪录，并保持 26 年未被打破。

1901 年 9 月 24 日，英国一位妇人在乘气球飞行时，提议成立联合王国航空俱乐部，当她着陆后立即着手注册登记。10 月 29 日，该俱乐部正式成立。这是历史上最早的航空俱乐部。

1887 年，中国天津武备堂进口了法军的一只旧气球，并由德籍教师修复后投入使用。这是中国军队首次进口飞行器。

1887 年，天津武备堂教员华蘅芳自制的直径 1.66 米的氢气球放飞成功。此乃中国人自制的第一个现代氢气球，开创了近代中国人制造航空器之先河。

你知道吗

气球会污染环境吗

优质的气球是用环保的橡胶做成的。气球吹起后暴露在空气中，降解就开始了。这可以从气球表面的氧化现象中得到证实：气球充气后不久，表面就起了一层雾。高温和阳光会加快这个过程。优质气球最后会像树叶一样，最快几周就可以分解到土壤中，不会造成环境污染。

1887年8月上旬天津武备堂教习孙筱槎、参军姚某以及天津县知县卢本斋3人，在共同参考了外国气球后，改良制造出小型氢气球一具，在总办杨艺芳督导下试放到“十几丈高”，后因绳断而飞走。该氢气球用绸布做面子，直径数尺。同年9月22日，在天津督署门前又演放过大型氢气球1具，小型氢气球3具，清政府大臣李鸿章亲临视察。其中大球飞上几十丈高，虽有大风却仍回收成功。此四球均为天津武备堂自制。

现代飞艇

飞艇同样是一个大气囊，但密封不开口，里面充着比空气轻的氢气、氦气等，所以也是靠空气浮力上升的。气囊下部为机舱，装有发动机、艇舵和螺旋桨，可以依靠自己带的发动机提供动力来飞行。在飞天发展的早期，主要充填氢气，大家都知道氢气是非常容易起火甚至爆炸的，在飞机技术成熟以后，飞艇曾经一度销声匿迹，被人们淡忘。20世纪70年代人们又重新想起这种节能的飞行器，开始制造现代飞艇，材料改为高强度钛铝合金和化纤织物，自重减少，载量增加。大型飞艇可乘载数百旅客或成百吨货物，能连续飞行几周，航程可达数千千米。可用于水力发电机组、巨型火箭、原子反应堆的

现代军用飞艇

整体直接运输。可用于移动井架，吊装桥梁和大楼……飞艇这一古老的飞行器再创了辉煌。

1872 年，世界第一艘使用 3.68 千瓦内燃机作为动力的飞艇由保罗·海茵莱茵驾驶试飞成功。

1873 年，法国生物学家、医生马雷用定时连续摄影，初步掌握了鸟类飞行中复杂的扑翼动作，使人类早期飞行探索中的扑翼机研制活动暂告结束，飞机研制自此不再考虑扑翼方案。

1873 年 10 月 6 日，美国人多纳德逊、朗特和记者福特三人乘坐 8500 立方米的载人氢气球首次飞越大西洋成功。此前，他们曾于 9 月 19 日从美国纽卡南起飞做过第一次尝试，但遭到失败。

1875 年，俄国的门捷列夫设计了带气密座舱的同温层载人气球图纸。

1877 年，美国人为纪念气球在田纳西州纳什维尔携带邮件飞行，发行了世界邮政史上第一套航空纪念邮票。

1883 年，法国人齐桑忌耶兄弟研制的用 11 千瓦电动机驱动的 1060 立方米气球飞行成功，平飞速度达 4 米/秒。这同样属于对飞艇原始形式的一种探索。

1884 年 8 月 9 日，法国人试飞了由电动机驱动的“法兰西”号全向操纵型飞艇。列纳尔上尉在当天的试验中，飞行 4200 米后又成功地返回起飞点，从而结束了人类飞行一直要受风摆布的历史。“法兰西”号飞艇直径 8.5 米，长 51.8 米，航速 19.3 千米/小时，电动机功率 6.6 千瓦（9 马力），它驱动一个直径 9 米的拉进式螺旋桨。它被认为是最早飞行成功的一艘

拓展阅读

CA－80 型软式载人飞艇

该型飞艇是中国拥有自主知识产权的软式氦气载人飞艇，主要应用于空中广告、航空摄影、空中巡视、科学实验等。CA－80 型飞艇已经获得民航总局颁发的型号设计批准书（TDA）和适航证，2000 年被评为上海市高新技术转化 A 级项目。

飞艇。

1898 年 11 月 13 日，旅法巴西人杜蒙用汽车内燃机装于飞艇试飞。这是汽油发动机最早用于飞艇。

1899 年，旅澳华侨谢缵泰设计出铝壳结构、电机推进的“中国”号飞艇图纸，这是由中国人首次设计的有动力飞行器。1900 年 7 月 2 日，德国的齐伯林伯爵经 6 年努力，在包金斯基附近的工厂里制成他的第一艘充氢硬式飞艇，并在菲特烈港附近试飞成功（可载 1 名乘员和 5 名乘客），飞行时间 20 分钟。该艇型号为 LZ－1，直径 11.73 米，长 127 米，用防水布组成 17 个气囊，容积 11300 立方米，升力 13000 千克。它是齐伯林在 1918 年前研制出的 113 艘飞艇中的第一艘。在 20 世纪 20 年代以前，齐伯林飞艇几乎主宰了大半个世界的天空。但是，由于齐伯林飞艇里面是很容易燃烧的氢气，所以飞行安全就成为导致飞艇最终被飞机挤出航空市场主流的因素之一。

1901 年 10 月 19 日，旅法巴西人杜蒙的 6 号橡皮飞艇从巴黎郊区桑克尔山出发，实现了绕巴黎埃菲尔铁塔一周的壮举，因此获奖金 15 万法郎。他用实际行动向世人证明，飞行器已完全能够按人的意志自由飞行，在航空发展史上留下了精彩的一页！此次飞行距离 11 千米，飞行时间 30 分钟。

知识小链接

艾菲尔铁塔

艾菲尔铁塔是一座于 1889 年建成位于法国巴黎战神广场上的镂空结构铁塔，高 300 米，天线高 24 米，总高 324 米。埃菲尔铁塔得名于其设计师居斯塔夫·艾菲尔。铁塔设计新颖独特，是世界建筑史上的技术杰作，因而成为法国和巴黎的一个重要景点和突出标志。

1902 年，法国人列保吉制成世界上最早的半硬式飞艇，其功率 29.4 千瓦，时速可达 36 千米。

1903 年，热心的航空探索者、旅法巴西人杜蒙因驾驶他的 9 号飞艇成功地降落在友人依莱塞斯的住宅庭院前，并走下来喝咖啡小息，而使这种飞行器真正成为可供私人利用的空中交通工具，它甚至可用于森林上空的散步。这次有趣的飞行经历，充分显示了飞行器已对于人们的日常生活产生了巨大的魅力。

飞机终于诞生了

人类征服天空的历史，就是不断探索、在失败基础上不断努力的历史。所以，对于年轻人来说，永远保持探索精神，是人生命意义的象征。直到今天，我们在飞机的发展上已经取得了 100 多年以前人们幻想都想不到的成就，然而，人类也没有停止继续探索飞行奥秘的脚步。

1874 年，法国海军军官克鲁瓦研制的载人飞机，在布雷斯特由一位年轻水手操纵，从山坡上往下助跑起飞，作了最早的短距离“跳跃飞行”（即因升力不足形成的非持续性离地飞行，所以一概不视为成功的飞行）。该机由一台蒸汽机驱动，单层机翼，已经设计有平尾及方向舵等部件。

1876 年，俄国的“飞机之父”、海军军官亚历山大·菲德罗维奇·莫扎伊斯基的飞机模型载着他的那柄佩剑，公开做了稳定飞行表演。1881 年，莫扎伊斯基在俄国获得“飞行机”设计专利。1882 年夏季，莫扎伊斯基发明的飞机由戈卢别夫驾驶，在彼得堡市郊的练兵场上，沿一个设置在斜坡上的导轨向下滑动助跑，进行了又一次著名的飞机飞行尝试，但只跳跃了几次，并未持续离开地面自由飞行。所以除苏联之外，不被认为是一次成功的载人动力飞行。该机翼展 12.2 米，全重 943 千克，拥有 21.1 千瓦英国制蒸汽机 2 台。

1875 年，英国人托马斯·莫伊的一架 54.5 千克重的以蒸汽机驱动的串翼（前后翼）飞机，在地面环形滑轨上不载人离地 0.152 米飞过一段距离。该机名为“空中汽船”。1877 年，罗什提出用动态系统稳定性分析的著名理论，为飞机的稳定性研究建立了最早的理论基础。

1886 年开始，法国电话工程师阿代尔先后研制过四架不同的蝙蝠形飞机，其中第一架“阿维昂－1 号”翼展 6 米，装有 14.7 千瓦蒸汽发动机两台，可

广角镜

世界上第一部蒸汽机

古希腊数学家希罗（公元10—70）所发明的汽转球，是有文献记载以来的第一部蒸汽机。汽转球主要是由一个空心的球和一个装有水的密闭锅子以两个空心管子连接在一起，而在锅底加热使得水沸腾然后变成水蒸气然后由管子进入到球中，最后水蒸气会由球体的两旁喷出并使得球体转动。

惜在试飞中撞上了障碍物，造成发动机破损。1889年，“阿维昂-4号”在试飞中只离地跳跃了几下。直到1890年10月9日，他驾驶一架“伊奥利”号蒸汽动力单翼机，才首次在阿尔曼维利耶林苑平地上，依靠自身动力水平起飞成功，并短暂地向前“跃飞”了一段距离（一说50米）。因为仍然不属于水平持续飞行，与发明人类第一架飞机之殊荣失之交臂。但阿代尔依然是航空史上一位著名的先驱人物。

1891年，美国航空先驱者兰利教授在华盛顿出版了《空气动力学试验》。他在连续试验了80余个飞机模型之后，终于在1896年5月6日试飞了第一架采用0.735千瓦蒸汽发动机作为驱动的串翼布局飞机模型，该机的螺旋桨直径1.2米，转速1200转/分钟，翼展4.3米。经弹射起飞后可飞出1600米远。1898年，他得到政府50000美元的资助，于是投入到载人飞机的研制中去。1891年，德国航空开拓者李林塔尔发表了《鸟类的飞行—航空的基础》一文并正式开始研究滑翔飞行。他每次飞行一般为半分钟，滑翔距离在200～300米。1894年，他用改进后的滑翔机从山坡上跳下，竟然滑翔了350米远，获得巨大的成功。1896年8月9日，李林塔尔在试飞中受伤，于次日去世。在6年中间，他坚持进行滑翔实验达2000余次，先后使用过18架滑翔机，其中12种是单翼机。李林塔尔是人类早期探索飞行史上极具影响力的人物，并为后人发明飞机积累了宝贵的经验。

1892年，俄国航空学者茹科夫斯基的《论鸟类的飞行》一文发表，分析了鸟与飞机飞行的理论抛物线，并预言了空中翻筋斗飞行的可能性。

1893年，英国人菲利浦制成由50块弯板组成的独特的“百叶窗型”飞机，名为“威尼斯百叶窗”。飞机翼展5.7（一说6.7）米，翼弦长仅0.038

米，全重150千克，装4.1千瓦发动机1台。在用沙袋代替人体试飞时，飞行距离达到4.5～75米，飞行高度0.3～1米，但仍然属于不成熟的“跳跃飞行”。菲利浦为了给飞机选择翼型，用风洞找到9种上凸下凹的翼型方案，是曲面翼型理论的倡导者。

1893年，澳大利亚人哈格里夫为美国气象局建立了17个风筝气象站，并使用他发明的箱式风筝，直至1933年。这种结构后来广泛用于双翼飞机的机翼设计。

1894年7月31日，旅英美国人、重机枪发明人海勒姆·史蒂文斯·马克沁研制了一架四座大型飞机，在600米长的铁轨上做了“受升力限制”的（不载人）滑行，测出升力有5000千克。该机翼展31.7米，翼面积511平方米，机长44米，全高10米，采用132千瓦蒸汽机2台，净重2268千克、总重3629千克，采用多张线布局。由于试飞时仅离地跳跃前进，并且掀翻了导轨，所以还没有到达可以载人飞行的程度。

1896年5月，美国人兰利经5年试验后，他的第五和第六号动力模型飞行成功。两个模型都飞到20米高，而且飞了3圈，距离760多米。11月28日，在又一次试飞中，飞行时间长达1分45秒，距离1800米。这是重于空气的（无人）飞行器首次用自身动力作了持续而稳定的飞行。

1896年，美国土木工程师、滑翔飞行者查纽特开始试飞自己的滑翔机。第二年，其最大飘飞距离可达120米。他的滑翔机的构型是早期滑翔飞行器中最先进的。查纽特曾于1894年出版了《飞行机器的发展》一书，这是历史上第一部航空史著作。

1896—1897年，美国人夏尼特自行设计并试飞了滑翔机，试飞次数多达1000次。1898年，其助手赫林加装了压缩空气发动机，改成一架双翼机，但没有飞行成功。

1897年，俄罗斯航空先驱人物齐奥尔科夫斯基建成俄国第一个风洞。1902年，俄国圣彼得堡大学建成全俄第一个属于官方使用的风洞。1897年，美国人卡帕特森设计出带侧板的气垫飞行器，被认为是现代侧壁式气垫飞行器之父。1897年10月14日，法国航空先驱人物阿代尔的双螺旋桨3号飞机在巴黎郊外跑马场上的滑跑中，曾在300米距离内数次“跃离地面”，做了断断续续地飘飞。由于他的飞机一直没能研制成功，军方撤销了对他的资助。

基本小知识

风 洞

风洞是能人工产生和控制气流，以模拟飞行器或物体周围气体的流动，并可量度气流对物体的作用以及观察物理现象的一种管道状实验设备，它是进行空气动力实验最常用、最有效的工具。

1901 年，美国的莱特兄弟制成一座风洞，用双缸煤气机进行抽风，以实现吹风实验。其模型实验段的横截面达到 103 平方厘米，长 2.4 米，为莱特兄弟后来研制和发明飞机提供了有效的空气动力实验手段。

1901 年，中国最早专门介绍飞机的文章《飞机考》被收编在《皇朝经济文编》中。这是中国人撰写的第一篇研究航空和飞机的文章。

1901 年 8 月 14 日清晨，旅美巴西人怀特海德经多年努力，驾驶自制的单翼飞机在美国布里奇波特海滩试飞成功，据称飞行距离达 800 米，高度 16 米。该飞机造型呈蝶形，翼展 10.7 米，长 4.9 米，有双座封闭机身，采用 15.7 千瓦乙炔发生器动力 2 台。韦斯科普夫虽早于莱特兄弟首次飞行二年，但因缺乏见证，未获世界公认。

1901 年 10 月 7 日，由美国航空先驱者兰利研制的第一种采用汽油内燃机为动力的“空中旅行者”全尺寸载人飞机开始试飞，但是到 12 月 8 日，他的这架飞机还是没有飞上天空，美国政府因此终止了对他的经济援助。

1902 年 1 月 17 日，据旅美巴西人怀特海德称：他的“22 型”飞机在美国长滩海湾滑行 20 米后，离地升空飞行 3000 米后才降落在海面。后一次试飞竟飞过 11200 米，升高 135 米。但此项纪录未获见证和国际承认。成为后人有争议的一个历史研究话题。

1903 年，中国开始出现航空题材的科幻小说，如明权社的《空中飞艇》和进行社出版的鲁迅大作《月界旅行》等等。西方世界的飞行探索已经引起中国人的关注。

1903 年 12 月 17 日，莱特兄弟驾驶他们制造的飞机进行首次持续的、有动力的、可操纵的飞行

1903 年 3 月 23 日，美国的莱特兄弟向政府申请飞机设计专利，该飞机设计基于他们的第三号滑翔机。不久，由他们建立的美国的第一家飞机工场在俄亥俄州的代顿注册。

1903 年 12 月 17 日上午 10 时 35 分，德裔美国人、自行车修造匠威尔伯·莱特和奥维尔·莱特兄弟在美国北卡罗来纳州基蒂霍克一处叫作“斩魔山”的小山坡上，以重物下落形成的引牵力，将自制飞机“飞行者”号推离地面，进行了被世人公认的人类首次有动力飞机载人飞行。人类从此有了飞机。当时的首飞驾驶者为奥维尔·莱特。他在 12 秒的时间内飞出 36.58 米远，当时的目击者有 6 人，并拍下照片做证。当日共飞行了 4 次，最佳飞行成绩为：续航时间 59 秒，飞行距离 260 米，飞行高度 3.8 米，速度 48 千米/小时。该机采用双层机翼鸭式气动布局，一台 8820 瓦的内燃机通过两副自行车链条带动两副空气螺旋桨。而飞行员则俯卧在下层机翼上操纵飞机飞行。飞机的翼展为 12.29 米，自重 274 千克。莱特兄弟与他们的“飞行者”号飞机就此名垂青史。他们因此于 1909 年获得美国国会荣誉奖。同年，他们创办了“莱特飞机公司”。这是人类在飞机发展的历史上取得的巨大成功。初期的飞机都使用的是单台发动机，在飞行中，常常会出现发动机突然关车的故障。这对飞行安全始终是个威胁。

飞机发明权之争

人类终于进入航空时代，这个时代是莱特兄弟开辟的。

但是，围绕着莱特兄弟是不是最早发明飞机，还有一段很少被人知道的趣闻。

你知道吗

莱特兄弟有个好妹妹

在莱特兄弟两个成功男人的背后有一位女性在默默支持，她就是小妹凯瑟琳·莱特。凯瑟琳自小就与两个哥哥亲密无间。有时，他们吵得不可开交，凯瑟琳就是“黏合剂”。莱特兄弟研制飞机期间，凯瑟琳四处游说，募征飞机实验所需要的经费。她帮助哥哥们经营他们的自行车店，以便使他们不用再为每天生计四处奔波，而专心致志搞飞行研究。

1948 年前，在美国航空博物馆中心位置，停着一架样子古怪的飞机，它的名字叫“机场”。这架飞机有两副机翼，两副螺旋桨。螺旋桨叶片尖尖的，令人毛骨悚然。飞机上贴着醒目的标签，上面写着：“这是能够载人飞行的世界上第一架飞机。”这架飞机并不是莱特兄弟的“飞行者”号飞机，这架飞机怎么成了世界第一呢？

原来，这架飞机的主人是美国著名的天文学家兰利制造的。19 世纪 80 年代，兰利对飞行发生了兴趣。他建造了风洞，对鸟翼标本和飞机模型进行了实验分析，编写了《机械飞行的故事》《空气动力学的试验》等著作。1891 年，他把注意力转移到蒸汽驱动的模型飞机上，制作了双翼动力金属模型飞机。

1896 年 5 月 6 日出现了航空史上一个激动人心的创举，兰利教授在波托马克河上的一艘游艇上，把一架 4 千克重的蒸汽动力飞机模型放上了天。模型飞机在天空依靠蒸汽动力飞行了半英里。

模型飞机试飞成功，轰动了整个美国科技界。而兰利自感年事已高，准备急流勇退，放弃继续进行空中试验。不料，这个消息传到政府高层那里，美国总统决定，如果兰利教授愿意制造一架可用于军事用途的飞机，政府将提供所需资金，并命令陆军总部承办此事。兰利只好答应，美国陆军拿出5万美金作为兰利的研究试验费用。

1901年，兰利制出了一架小型样机，里面装1台小型发动机。1903年，制成了一架载人飞机，翼展14.6米、装1台轻型大马力的汽油发动机。兰利将它命名为“机场”。

1903年12月8日，在华盛顿附近的波托马克河上，兰利把飞机置于船的平顶上，由他的助手曼雷驾驶。这架飞机刚离开发射台，就一头栽到水里，曼雷差一点被淹死。当时，前来观看飞机试飞的有政府官员、军方代表、各报社记者、科学家和市民。试飞失败，使所有的人大失所望。有的科学家哀叹：应该给机械飞行不可能的结论画上句号。有的为兰利教授惋惜，教授一生有很多贡献，最后栽在航空事业上。不少市民责问政府，资助这种不可能实现的幻想，是在荒唐地浪费纳税人的金钱。在一片反对声中，政府撤回了对兰利教授的支持。兰利对飞机试飞失败十分懊丧。他已年届古稀，韶华流逝，既没有精力来修改飞机的设计，更没有资金来继续飞行试验。他受到人们的嘲笑后，不久便无声无息地去世了。

兰利当时是国立的斯密森学会的会长，是科学界的代表人物。不久莱特兄弟的飞机试飞成功为世人皆知，人们热烈欢呼他们发明了飞机。这时，许多科学家心里很不服气说：“荣誉被两个自行车制造者夺走了。”特别是继兰利之后担任斯密森学会会长的查理·沃尔科特更是愤愤不平，上任之后就想方设法为上届会长恢复名誉，为学会挽回面子。

机会终于出现了。1914年，莱特兄弟的对手、著名飞行家格伦·柯蒂斯向斯密森学会提出要修复兰利飞机的机体，并检验一下是否真的不能起飞。

柯蒂斯为什么要修复兰利的飞机呢？原来，柯蒂斯是项庄舞剑，意在沛公，他是有阴谋的。

柯蒂斯1878年生于美国纽约，他和莱特兄弟一样，开设过自行车商店，也是一名出色的自行车设计师。原来制造过摩托车、飞艇和飞机。他驾驶飞机，两次取得“科学的美国人”竞赛的胜利。1909年，在法国兰斯国际飞机竞赛大会上，他驾驶的“金龟子”双翼机飞得最快，时速达76千米。1910

年他从美国奥尔巴尼飞到纽约，飞行 2 小时 46 分，航程 245 千米，赢得 1 万美元的奖金。1911 年他驾驶自己制造的水上飞机，分段飞越大西洋成功。这时，柯蒂斯已成为莱特兄弟难以对付的竞争对手。

柯蒂斯虽是出色飞行员，但与莱特兄弟有直接的利害冲突。1902 年，莱特兄弟受到老鹰转弯时翅膀末端上下变化的启示，为滑翔机设计了辅助翼。1903 年，他们申请了辅助翼原理的专利，英、法两国于 1904 年、美国于 1906 年予以认可。柯蒂斯在飞行实践中，也给自己飞机制作了辅助翼。围绕辅助翼的专利权问题，他同莱特兄弟进行了争夺，并打了官司。法院判柯蒂斯败诉，专利权应归莱特兄弟所有。

拓展阅读

莱特兄弟奖章

莱特兄弟奖章由美国自动工程师协会航空工程分会于 1924 年设立，用来奖励航空工程领域最佳论文的作者，1961 年学会把奖的范围扩大，并改成年度奖，授奖范围包括空气动力学、结构理论、飞机或航天器的研究、制造及驾驶等方面。

柯蒂斯不服法院的判决，他毫不气馁，将自己辅助翼的设计改头换面后，重新向莱特兄弟提出挑战。同时积极活动，影响法官的看法。他的如意算盘是，如果能证明兰利飞机确实能飞，那么就证明莱特兄弟的功绩和技术并不是空前的。这时审判官也就不会只听莱特兄弟的一面之词了，辅助翼的专利自己就能得到。

斯密森学会没有料到柯蒂斯这种企图，他们只想为兰利教授恢复荣誉。于是非常乐意地接受了柯蒂斯的请求，并慷慨地支付了 2000 美元的试验费。

经验丰富的柯蒂斯很快就找出了兰利飞机没有飞起来的缘故：飞机的起飞方式错误，马达的功率不足，机翼产生的升力不大，螺旋桨的推力太小，飞机在空中操作性能差等。柯蒂斯偷偷地对兰利飞机进行了改造。他换了发动机，加了两个浮筒……

1914 年 5 月，在纽约州哈蒙兹港附近的古卡湖进行了一次飞行试验。这架改造过了的飞机终于凭借自身的动力，多次飞离水面，飞离水面的最长时间有 5 秒钟。

斯密森得到试飞成功的消息，喜出望外。会长沃尔科特更是兴奋不已。在 1914 年年度报告中，斯密森学会郑重声明："这个试验证明，兰利飞机是世界上第一架能飞行的飞机！"

其实，莱特兄弟早在 1903 年就研究过兰利飞机的外形和结构，那时他们就得出结论，它是绝对飞不起来的。所以，奥维尔·莱特（威尔伯已于 1912 年去世）对试验的意外成功和斯密森学会的声明十分震惊。他断定，其中一定有诈。

奥维尔设法弄来了 1903 年兰利发表的关于机体的数据，把它与 1914 年斯密森学会发表的数据加以对照。他发现，柯蒂斯"复原"的飞机，除了外形与原来的飞机一模一样，其他部分都与原来的不同。柯蒂斯已对兰利飞机做了大幅度修正，改动的地方竟多达 35 处。机体加大了，马达的功率增加了，螺旋桨去掉尖头部分，增加了两个浮筒，甚至还令人吃惊地装上了莱特兄弟专利中所包括的辅助翼。这架被柯蒂斯"复原"的飞机，实际上是与兰利飞机截然不同的另一种飞机，它的稳定性、升力和易于操纵性空前提高了，再由柯蒂斯这样的高手来驾驶，飞不起来才怪呢？

奥维尔十分气愤，他向斯密森学会指出这些数据，强烈要求取消不久前的错误声明。

然而令人吃惊的是，斯密森学会我行我素，拒不承认错误，坚持说柯蒂斯的试飞没有假，修复的就是原来兰利的飞机。并且辩解说，即便机体有所改动，那也是微不足道的，不会影响试验的结果。

奥维尔毫不畏惧，继续提出抗议。斯密森学会也寸步不让，从 1915 年到 1918 年，每年都在年度报告中重申兰利飞机的功绩，反驳奥维尔·莱特的抗议。

奥维尔在和斯密森学会的斗争中，一直处于不利地位。斯密森学会是全国性的学术机构，代表着美国科技界。莱特兄弟虽然在欧洲很有影响，在美国也小有名气，但人们还是相信斯密森学会的报告。

更有甚者，斯密森学会还把飞机改装成 1903 年时的样子，去掉两个浮筒，把螺旋桨的叶片换成尖端的……然后贴上“世界第一架飞机”的标签，堂而皇之地放进航空博物馆的大厅向人们展出。以告诉人们，是兰利教授最先发明飞机，莱特兄弟随后才发明。

“卑鄙！无耻！”奥维尔发怒了。“混淆黑白，颠倒历史！”奥维尔猛烈抨击斯密森学会。

斯密森学会对奥维尔的抗议和抨击置之不理。奥维尔无可奈何，只好拒绝航空博物馆展出“飞行者”号飞机。

英国伦敦科学博物馆得知莱特飞机没有收入美国航空博物馆中，迫不及待地给奥维尔发了一份电报：

尊敬的奥维尔·莱特先生：

敝馆如能展出你们兄弟俩的飞机，将感到十分荣幸。

此时，莱特飞机的机体放在麻省理工学院的仓库里，上面落满了灰尘。奥维尔想尽可能给自己的飞机加上正确的说明在美国展出，因为自己毕竟是美国人，祖国是生他养他的地方。所以，奥维尔没有接受伦敦科学博物馆的要求。但斯密森学会依然顽固地坚持自己的看法，根本听不进奥维尔的意见。

奥维尔耐心等待斯密森学会改变主意。等了一年又一年，斯密森学会还是没有任何表示。伦敦博物馆来了一封又一封的信，催着要展出莱特飞机。等到1928年，奥维尔终于绝望了：自己心爱的飞机已不可能在本国展出了，与其让它沾满灰尘，不如送到英国去，让世界人民记住人类征服蓝天的历程。

奥维尔经过一番激烈的思想斗争，终于答应了伦敦科学博物馆的请求，他含着泪把飞

趣味点击 莱特兄弟奇特的约定

莱特兄弟的妹妹凯瑟琳一直到年过半百却仍单身，跟哥哥住在一起。凯瑟琳的未婚缘于她跟两个哥哥不成文的约定。母亲死后，他们相依为命，约定要永远在一起。莱特两兄弟恪守诺言，终身未婚。但是到了1926年，凯瑟琳决定嫁给亨利·哈斯克尔，追求自己迟到的幸福。当她把消息告诉奥维尔（其时维尔伯已去世）时，他沮丧无比，拒绝参加妹妹的婚礼。

机送到了英国。

英国伦敦科学博物馆，每天都有成千上万的人来到莱特飞机旁，了解人类是怎样开辟航空时代的。当年在欧洲观看过莱特兄弟飞行表演的人，还回忆起莱特兄弟的丰功伟绩。

前往英国参观的美国人意外地看到本国引为自豪的莱特飞机，都惊呆了。当得知莱特兄弟受到不公正对待和飞机不能在本国展出的原因后，又从惊奇转变为愤怒。

“这是国耻！运回美国去！”的呼声高涨了起来。有人甚至向国会提出了进行调查，以便确定是莱特飞机早还是兰利飞机早的议案。

但斯密森学会自恃是国立机构，仍然一意孤行，对群众呼声充耳不闻。这种情况直到沃尔科特卸任才有了改观。

继沃尔科特担任斯密森学会会长的查理·阿博特是位善采众意的开明的科学家。他想方设法改善同奥维尔·莱特恶化到极点的关系。他上任不久，就重新组织委员会，认真调查1914年的试验真相。

调查委员会由飞行专家和技术人员组成。不久，调查结果出来了，和奥维尔的说法一样，兰利飞机复原时做了大幅度修改。专家们认为，兰利飞机在未改动之前，不能称为真正的实用飞机，而莱特飞机才是当之无愧的世界上第一架由人驾驶的动力飞机。

1942年，斯密森学会发表了这次调查结果，撤销了28年前的声明，同时发表声明向莱特兄弟表示道歉。

奥维尔激动地读着斯密森学会的声明，热泪盈眶。现在终于恢复了名誉，恢复了航空史的本来面目，虽然它来得晚了些，但毕竟是来了。

早期飞机的外观

奥维尔为斯密森学会的真诚、坦率所感动。他表示谅解，许诺把心爱的飞机运回美国。

这时，第二次世界大战正打得激烈，运回莱特飞机的事就被耽搁了下来。幸运的是，德国法西斯空军轰炸英伦三岛时，莱特飞机躲过了灾难，完好无损。

年已古稀的奥维尔整天盼望着自己的飞机能早点运回来，盼望着自己的双手能再摸一摸这架把自己送上蓝天——不，是把人类送上蓝天的飞机。他盼望着，盼望着……

1948 年，历经磨难的莱特飞机终于运回祖国，迎接它的，已不是奥维尔·莱特了，而是成千上万的青年、学生、科学家。奥维尔已不在人世了，他刚刚去世不久。

如今，莱特飞机在美国航空和宇航博物馆（原名航空博物馆）的大厅里展出。人们要了解蓝天是怎么被征服的，航空时代从什么时候开始，都要到这里来了解莱特兄弟的功绩。莱特兄弟——威尔伯·莱特和奥维尔·莱特如果地下有灵，定会感到欣慰的。

于是，当莱特兄弟终于把他们制造的机器大鸟送到空中后，新的竞赛开始了……

1909 年，路易斯·布雷里奥（Louis Bleriot）穿越英吉利海峡的飞行让整个欧洲激动不已。人们的热情被极大地激发了出来。

知识小链接

英吉利海峡

英吉利海峡是分隔英国与欧洲大陆的法国、并连接大西洋与北海的海峡。海峡长 560 千米，宽 240 千米，最狭窄处又称多佛尔海峡，仅宽 34 千米。西通大西洋，东北经多佛尔海峡连通北海，是国际航运要道。英国的多佛尔与法国的加莱隔海峡相望。

于是，法国兰斯市以及香槟地区的葡萄酒商们决定举办为期一周的航空展以及竞赛。他们为竞赛设立了大笔的奖金，其中最著名的当属“飞行国际杯”。该项竞赛的奖杯以其赞助商——著名美国出版商詹姆斯·戈登·贝纳特，《纽约先驱论坛》和《巴黎先驱论坛》的发行人——的名字命名为“戈登·贝纳特杯”。

戈登·贝纳特杯

从8月22日到29日，赛会将整个欧洲的精华吸引到兰斯郊外的Betheny平原上，从皇室和将军到大使和富翁。其规模之巨大，气氛之典雅，让同时期乃至以后的其他航展相形见绌。

中国航空之父——冯如

冯如，广东恩平人，我国从事飞机研制、设计、制造和飞行的第一人，被美国报纸称为“东方莱特”。他当年驾驶的“冯如一号”是中国人自行设计、研制、生产的第一架飞机，揭开了我国载人动力飞行史的第一页。以冯如试飞载人飞机为标志，我国航空事业至今已走过一百多年的沧桑历程。

1909年9月21日，旅美华人冯如驾驶着由他设计、制造的“冯如一号”飞机，完成了属于中国人的首次载人动力飞行，中华民族也由此开启了中国航空史的元年。2009年5月25日，中央军委委员、空军司令员许其亮提出，冠名冯如为“中国航空之父”当之无愧。中国是一个正在和平发展的大国，纪念冯如，对振奋民族精神，激发全社会关注空天领域建设发展的热情有着积极的意义。

1909年9月21日，冯如驾驶着由他设计制造的“冯如一号”飞机，在美国加利福尼亚州的奥克兰市南郊完成了属于中国人的首次载人动力飞行。他的这次飞行，距莱特兄弟开创人类首次载人动力飞行仅仅晚了不到6年。1912年冯如因飞行事故牺牲，享年仅29岁。短暂的生命，却给中国的天空留

拓展思考

哀悼冯如的挽联

1912 年 9 月 24 日，在冯如蒙难处召开追悼大会，各界人士送来很多挽联，其中文学家何淡如的挽联最脍炙人口：殉社会者则甚易，殉工艺者则尤难，一霎坠飞机，青冢那堪埋伟士；论事之成固可嘉，论事之败亦可喜，千秋留实学，黄花又见泣秋风。

下闪电般的光亮。他不仅是我国航空史上第一个飞机设计家、第一个飞机制造家、第一个飞行家、第一个飞机制造企业家、第一个革命军飞机长，还是第一个认识飞机有战略价值的人。冯如以其短暂的一生，做出了非凡的伟业，他的精神品格，至今感召、启迪着后人。

他研制成功的飞机，是第一架无外国人指导而完成的载人动力飞机。据史料记载，他的飞机汲取了当时比较先进的“莱特型”飞机的优点，在机翼、起落架、机体结构等方面，做了许多独特的改进，最终成就了当时世界上独一无二的“冯如型”飞机。他第一次飞行的高度、距离都超过了莱特兄弟的首次飞行，其飞行水平堪称当时世界一流。

1912 年 8 月 25 日，在国内作飞行表演时，冯如因飞机操纵系统失灵，失事牺牲。弥留之际，他仍支撑着把失事原因告诉助手，并勉励他们“勿因吾毙而阻其进取心，须知此为必有之阶级”。

冯如提出了一系列航空强国思想，认为“吾军用利器，莫飞机若”，“倘得千百只飞机分守中国港口，内地可保无虞”。空军专家董文先说：“外国人称冯如为‘东方莱特’，我认为他还是‘东方杜黑’”。冯如虽然比杜黑

广角镜

冯如杯

“冯如杯”学生学术科技作品竞赛创办于 1990 年，是北京航空航天大学声誉最高、参与面最广的一项品牌活动。自创赛以来，积极引导广大学生开展科研与创新实践活动，培养学生自主创新能力，大力营造有利于青年学生健康成长和科技创新的良好氛围，为培养在国民经济和国防建设等领域具有领军和领导潜质的高级人才做出了积极贡献。

晚出生几年，但两人同时期对航空发展前景有着近乎相同的敏锐观察和对飞机价值的深刻认识，这样的远见卓识，十分难能可贵。

中国工程院院士、国内著名航空动力学专家刘大响，从技术的角度分析了冯如当时的创举。他说："冯如研制飞机比莱特兄弟晚了几年，但他并没有因为起步较晚就完全依赖于简单的仿制，也没有采用相对较成熟的双翼机结构，而是瞄准当时比较先进的单翼机结构。事实证明，这个选择符合飞行器技术发展的趋势，也为冯如后来的成功奠定了坚实的基础。"刘大响院士说，创新精神是"冯如精神"中对当今社会最具现实意义，最应被传承、倡导和发扬的精神之一。

中国早期的航空事业

1906 年，福建永安人刘佐成与同乡李宝焌在全闽师范学堂毕业后被清政府选送赴日本留学，就读于工兵航校及早稻田大学。受美国莱特兄弟和旅美华侨冯如研制飞机并成功飞行的鼓舞，刘李二人满腔热情地投入到飞机的研制。在一些爱国华侨的资助下，刘李二人合作自制了"飞机一号"。因使用日本的飞机场不便，宣统二年八月，在清政府的电召下，由军谘府拨款，在北京南苑庑甸毅军操场内建筑厂棚试造飞机。1911 年 4 月，刘李二人在国内自造的"飞机二号"试飞成功，但飞行时因发动机曲拐轴损坏，坠落失败。刘佐成身负重伤，从此不再驾机。

1910 年 11 月 19 日，李宝焌、刘佐成决定发起成立航空研究会，在《大公报》发表《航空研究会发起及简章》，提醒国民，世界航空事业刚刚起步，中国要抓住机遇："勿再事事落人之后"。1910 年 12 月，上海《东方》杂志发表了李宝焌的《研究飞行机报告》，成为我国最早的一篇航空论文。李在 1910 年以前就对飞机有了比较正确的认识，特别是提出"向后焚烧而推前"（即喷气推进）的想法，比喷气飞机的出现还早了 30 多年。李宝焌于 1912 年 8 月 26 日病逝南京，年仅 26 岁，成为我国航空学术界先导。

1909 年 8 月，清政府筹办海军大臣载洵、萨镇冰出洋考察时，选派学生随往英国留学。1915 年，这批学生又转往美国留学，其中有内蒙古的巴玉藻、福建的曾诒经。他们先学造船，后学飞机制造，于 1917 年 12 月学成回国。

北洋政府想创办培养航海和航空制造专门人才的飞潜学校，从大沽、上海、福州等处选择校址，结果选定福州马尾— –这大概与当时海军中福建人多不无关系。1918 年 3、4 月间，北洋政府海军部在马尾海军学校附设飞潜学校，又在海军船政局设立海军飞机工程处，由巴玉藻、曾诒经等负责制造飞机。当时制造飞机用的钢、铝等金属材料我国并不生产，只能采用外国货，但其他材料如木材、油漆等，福建生产的又多又好。海军飞机工程处是我国历史上第一个正规的飞机制造工厂。

1925 年，上海发生五卅惨案，广东发生省港大罢工和沙基惨案。帝国主义的暴行激起了中国人民的反帝爱国运动。留学法国的飞行家陈国梁（福建莆田人）在菲律宾宣传航空救国，并发起组织华侨飞行队和福建民用航空学校筹备委员会，选定厦门禾山的五通地方为校址，于 1928 年 10 月 10 日成立厦门民用航空学校。后由于经费困难维持不下去，只得合并到广东航空学校。1934 年 5 月，陈国梁在柳州机械厂设计、制造了我国早期的滑翔机并试飞成功。

毕业于德国汉堡飞行学校的福建人陈文麟曾购买一架英国爱弗罗公司的阿维安式飞机，于 1929 年 3 月 13 日从英国出发，经德国、希腊、印度等国，于 5 月 12 日飞到厦门，成为成功完成国际长途飞行的首位中国人。1933 年 7 月 19 日，陈文麟和潘鼎新驾驶自造的“江鹊号”飞机，从厦门出发飞往上海，换发动机后途经多地，于 10 月 22 日回到厦门。1933 年 6 月 15 日，曾诒经与外国驾驶员蒲里驾驶自制“江凤号”水上飞机，从上海出发，沿长江长途飞行。这些都是当时国产飞机较为成功的长途飞行。

飞机发展史的几个主要里程碑

初期的飞机都使用的是单台发动机，在飞行中，常常会出现发动机突然关车的故障。这对飞行安全始终是个威胁。1911 年，英国的肖特兄弟申请了多台发动机设计的专利。他们的双发动机系统，能使每一个飞行员都不用担心因发动机停车而使飞机下降。这在航空安全方面是一个重大的进展。人们把按照肖特专利制造的第一架飞机称为“3·2”型飞机。这个名字告诉人们，这种飞机装有三副螺旋桨，两台发动机。这种飞机还装有两套飞行操纵机构，因此，两名驾驶员都能操纵飞机而不必换座位。

1927—1932 年中，座舱仪表和领航设备的研制取得进展，陀螺技术应用到飞行仪表上。这个装在万向支架上的旋转飞轮能够在空间保持定向，于是成为引导驾驶员能在黑暗中、雨雪天中飞行的各种导航仪表的基础。这时飞机中就出现了人工地平仪，它能向飞行员指示飞机所处的飞行高度；陀螺磁罗盘指示器，在罗盘上刻有度数，可随时显示出航向的变化；地磁感应罗盘，它不受飞机上常常带有的大量铁质东西的影响，也不受振动和地球磁场的影响。这些仪表以灵敏度高、能测出离地 30 多米的高度表和显示飞机转弯角速度的转弯侧滑仪，此外还有指示空中航线的无线电波束，都是用来引导驾驶员通过模糊不清的大气层时的手段。

飞行仿真器又称飞行模拟器，它是一种可以在地面模仿飞机的飞行状态。1930 年，美国人埃德温·林克发明了第一个飞行仿真器，并且以自己名字命名为“林克练习器”，尽管它存在着技术上的缺陷，但它已经体现了不使用真实飞机就能安全、经济地反复进行紧急状态动作训练的优点。如今现在的飞机模拟器已经由计算机、模拟驾驶舱、运动系统、操纵负载系统和视景系统等组成。是现代航空科研、教学、试验等不能缺少的技术设备。

你知道吗

坐飞机比坐汽车安全 22 倍

据美国全国安委会对 1993—1995 年间所发生的伤亡事故的比较研究，坐飞机比坐汽车要安全 22 倍。事实上，在美国过去的 60 年里，飞机失事所造成的死亡人数比在有代表性的 3 个月里汽车事故所造成的死亡人数还要少。

1910 年 12 月 10 日，在法国巴黎展览会上，有一架飞机在表演时坠毁。驾驶员被抛出燃烧的机舱。但是，这架飞机却引起人们很大关注。因为它使用的一台新型发动机。设计者就是飞机驾驶员本人，他是罗马尼亚人，名叫亨利·科安达，毕业于法国高等技术学校。他设计的发动机是用一台36750瓦的发动机，使风扇向后推动空气，同时增设一个加力燃烧室，使燃气在尾喷管中充分膨胀，以此来增大反推力。这就是最早的喷气发动机。

20世纪30年代后期，活塞驱动的螺旋桨飞机的最大平飞时速已达到700千米，俯冲时已接近声速。声障的问题日益突出。苏、英、美、德、意等国大力开展了喷气发动机的研究工作。德国设计师，奥安在新型发动机研制上最早取得成功。1934年奥安获得离心型涡轮喷气发动机专利。1939年8月27日奥安使用他的发动机制成He－178喷气式飞机。

喷气发动机研制出之后，科学家们就进一步让飞机进行突破声障的飞行，经过10多年之后这项工作终于被美国人完成了。

1947年10月14日在美国加利福尼亚州的桑格菲尔地区，贝尔公司试飞能冲破声障的飞机。上午10时，一架巨大的B－29轰炸机，在机舱下悬挂着一架造型奇特、好像“带翅膀的子弹”的小飞机起飞了。这架小飞机就是在航空史上最著名的名为X－1的火箭飞机。X－1飞机装有4台火箭发动机，总推力2700千克，使用的燃料是危险的液氢和酒精。当它被B－29轰炸机投放了的时候，X－1的4台火箭发动机相继点火，声如雷鸣。当飞机发动机启动1分28秒后，马赫数达到了人类航空史上的新纪录——1.0，飞机达到了声速。这时，X－1飞机的燃料几乎用尽，速度变得更快，达到马赫数1.06，这时的高度是13000米。尽管试飞成功，但由于X－1飞机不是靠自身的动力起飞升空，这个纪录没有被承认。但是，由此人们实现了跨越声障的梦想，人类航空史从此进入了跨声速时代。

飞机的奥秘

CONG MENGXIANG DAO
FEIXIANG LANTIAN

飞机是由固定翼产生升力，由推进装置产生推（拉）力，在大气层中飞行的重于空气的航空器。飞机具有两个最基本的特征：其一是它自身的密度比空气大，并且它是由动力驱动前进；其二是飞机有固定的机翼，机翼提供升力使飞机翱翔于天空。二者缺一就不是飞机。

飞机许多人都坐过，我们都不陌生，可是你对飞机的奥秘了解多少呢？你知道怎样才算是真正的飞机呢？你了解飞机的构造吗？你知道飞机为什么会飞吗？你知道影响飞机的升力和阻力的因素是什么吗？你懂得大名鼎鼎的“黑匣子”是怎样记录下飞机失事的奥秘吗？你对现在飞机的优点与缺点了解多少呢？……本章为你答疑解惑。

什么是飞机

在中国，飞机的名字，在1911年（辛亥革命）之前还不一致，叫飞行机、飞艇或飞车的都有。辛亥革命之后，飞机这个专有名词才被大家所共同认可。

飞机不能简单地解释为“会飞的机器”，那样有些过于牵强附会。一般地说，飞机指具有固定机翼、安装了发动机，能靠自身动力在大气中飞行的重于空气的航空器。

凡是具备这两个基本特征的就可以叫作“飞机”：①飞机的密度比空气大，并且是由发动机产生的推力运动的；②飞机都有产生升力、托举飞机离开地面在天空中飞行的固定机翼。这两个特征者缺一不可。譬如：气球或飞艇密度小于空气、但是没有机翼；滑翔机有固定机翼，可是没有发动机、只能在空中滑翔，也不能算是飞机；像直升机或旋翼机的机翼是不固定的，靠机翼旋转产生升力，因此也不属于飞机。因此我们可以把飞机理解为：飞机是依靠发动机推动的、有固定机翼的而且比空气重的航空器。

> **你知道吗**
>
> **预防航空性中耳炎**
>
> 嚼吃是预防航空性中耳炎的最有效办法，所以航班上一般会给每位旅客送一小包包装精美的糖果，若感觉症状仍未消除，可用拇指和食指捏住鼻子，闭紧嘴巴，用力呼气，让气流冲开咽鼓管进入中耳空气腔而消除耳闷、耳重、耳痛、耳朵难受等症状。

自从飞机发明以后，发展到现在，人们社会生活中不可缺少飞机了。飞机已经成为人们翻山越岭、飘洋过海最快捷的运输工具，不仅广泛应用与民用运输和科学研究，还是现代军事里的重要武器装备。我们可以按照不同的标准，把飞机划分成各种类型。

比如，按照飞机的使用对象是军事还是民用，分为民用飞机和军用飞机。

民用飞机除客机和运输机以外还有农业机、森林防护机、航测机、医疗救护机、游览机、公务机、体育机、试验研究机、气象机、特技表演机等。

军用飞机可按用途可分为战斗机、轰炸机、攻击机、运输机、侦察机、电子战飞机等。

飞机还可按组成部件的外形、数目和相对位置进行分类：

按机翼的数目，可分为单翼机、双翼机和多翼机。

按机翼相对于机身的位置，可分为下单翼、中单翼和上单翼飞机。

按机翼平面形状，可分为平直翼飞机、后掠翼飞机、前掠翼飞机和三角翼飞机。

按水平尾翼的位置和有无水平尾翼，可分为正常布局飞机（水平尾翼在机翼之后）、鸭式布局飞机（前机身装有小翼面）和无尾飞机（没有水平尾翼）；正常布局飞机有单垂尾、双垂尾、多垂尾和V型尾翼等形式。

按推进装置的类型，可分为螺旋桨飞机和喷气式飞机；

按发动机的类型，可分为活塞式飞机、涡轮螺旋桨式飞机和喷气式飞机。

基本小知识

活塞式飞机

这种飞机以活塞式航空发动机作为动力，通过螺旋桨产生推进力的飞机。由于活塞式发动机功率的限制和螺旋桨在高速飞行时效率下降，只适用于低速飞行。大多应用于轻型飞机和超轻型飞机等，不适合用于军事行动。大多数服役于20世纪50年代以前，目前仅有少量小型飞机、超轻型飞机、无人机等采用此种发动机。

按发动机的数目，可分为单发飞机、双发飞机和多发飞机。

按起落装置的形式，可分为陆上飞机、水上飞机和水陆两用飞机。

还可按飞机的飞行性能进行分类：按飞机的飞行速度，可分为亚音速飞机、超音速飞机和高超音速飞机。

按飞机的航程，可分为近程飞机、中程飞机和远程飞机。

飞机的构造

飞机的形式、构造、大小和用途虽然各不相同，但都具备五个部分，包括：机翼、机身、发动机、操纵系统、起落装置。在这些飞机部件中，最重要的是机翼。它在空气中急速前进时，可以产生支持全机重量的升力。只有当升力大于整个飞机重量时，飞机才能离开地面，升入空中。除了产生升力托举飞机升空的作用外，机翼还可以用来储备飞机的燃料、安装起落架等。

飞机的构造

为了在不同飞行状态下取得更好的飞行效果，人们发明了一种变后掠翼飞机，其机翼可以从小后掠角变到大后掠角：在起飞或巡航飞行时，采用比较小的后掠角；而在需要高速飞行的时候，就增加机翼后掠角。

飞机为什么会飞

飞机比空气重，这是毫无疑问的，所以飞机要想在空中飞行，就需要想办法克服重力升空飞行。实际上直到现在，人们对飞机所做的各种改善飞行性能的创新，依然是围绕着这个核心进行的。

飞机是在空气中飞行的，因此必须按照空气流动的基本规律来设计、制造飞机；才能实现人们的预期愿望。在飞机发明之初，因为人们对影响飞行的空气动力学原理还不是很清楚，所以走了许多弯路，现在，人们已经充分掌握了影响飞机飞行性能的要素，可以按照飞机设计师的意愿来设计飞机了。

空气虽然看不见、摸不着，但流动的空气和流动的水、油一样，是一种流体，所以飞机的飞行必须符合流体定理，主要是连续性定理和伯努利定理。

流体的连续性定理：当流体连续不断而稳定地流过一个粗细不等的管道时，由于管道中任何一部分的流体都不能中断或挤压起来，因此在同一时间内，流进任一切面的流体的质量和从另一切面流出的流体质量是相等的。

你知道吗

怎样防晕机

晕机呕吐是平衡器官紊乱，身体适应较差的缘故，一般只要保持镇静，排除杂念，服些防晕车船药就会平安无事。如果知道自己可能会晕机，最好在登机前15分钟服药。

连续性定理阐述了流体在流动中流速和管道切面之间的关系。流体在流动中，不仅流速和管道切面相互联系，而且流速和压力之间也相互联系。

伯努利定理阐述的是流体流动在流动中流速和压力之间的关系。伯努利定理基本内容可以这样表达：流体在一个管道中流动时，压强随流速增大减小。

影响飞机升力和阻力的因素

升力和阻力是飞机在与空气之间的相对运动中（相对气流）中产生的。影响升力和阻力的基本因素有：机翼在气流中的相对位置（迎角）、气流的速度和空气密度以及飞机本身的特点（飞机表面质量、机翼形状、机翼面积、副翼状态等）。

迎角对升力和阻力的影响——相对气流方向与翼弦所夹的角度叫迎角。在飞行速度等其他条件相同的情况下，得到最大升力的迎角，叫作临界迎角。在小于临界迎角范围内增大迎角，升力增大：超过临界迎角后，再增大迎角，升力反而减小。迎角增大，阻力也越大，迎角越大，阻力增加越多：超过临界迎角，阻力急剧增大。

飞行速度和空气密度对升力阻力的影响——飞行速度越大，升力、阻力越大。升力、阻力与飞行速度的平方成正比例，即速度增大到原来的 2 倍，升力和阻力增大到原来的 4 倍；速度增大到原来的 3 倍，升力和阻力也会增大到原来的 9 倍。空气密度大，空气动力大，升力和阻力自然也大。空气密度增大为原来的 2 倍，升力和阻力也增大为原来的 2 倍，即升力和阻力与空气密度成正比例

机翼面积、形状和表面质量对升力、阻力的影响——机翼面积大，升力大，形成的空气阻力也大。升力和阻力都与机翼面积的大小成正比例。机翼形状对升力、阻力有很大影响，从机翼切面形状的相对厚度、最大厚度位置、机翼平面形状、襟翼的位置到机翼结冰都对升力、阻力影响较大。还有飞机表面光滑与否对摩擦阻力也会有影响，飞机表面相对光滑，阻力相对也会较小，反之则大。

飞机在飞行时的空气阻力一般分为三种：摩擦阻力、黏性压差阻力和诱导阻力。在跨音速和超音速飞行时还有个激波阻力。表面光滑度主要影响摩擦阻力，而摩擦阻力的大小与附面层类型有关，层流附面层产生的阻力大大小于紊流附面层，飞机表面越光滑，就越容易获得层流附面层，延缓层流向紊流的转捩。因此，提高飞机表面光滑度可以有效减小摩擦阻力，在跨声速、超声速时还可以减小激波阻力。

基本小知识

声　速

声速是介质中微弱压强扰动的传播速度，其大小因媒质的性质和状态而异。空气中的声速在 1 个标准大气压和 15℃ 的条件下约为 340 米/秒。一般说来，声速的数值在固体中比在液体中大，在液体中又比在气体中大。

飞机空气动力学是这样划分速度范围的：M 数小于 0.4 为低速，0.4 到临界 M 数为亚声速，临界 M 数到 1.4 为跨声速，1.4 到 5 为超声速，M 数大于 5

为高超声速。跨声速阶段，随着局部激波的出现和发展，飞机焦点要急剧后移，也就是说，飞机的静安定度急剧增加，进而使飞机操纵性变得很差，甚至失去操纵余量。

飞机结构

大多数飞机由五个主要部分组成：机翼、机身、发动机、操纵系统、起落装置。

机翼：机翼的主要功用是为飞机提供升力，以支持飞机在空中飞行，也起一定的稳定和操纵作用。在机翼上一般安装有副翼和襟翼。操纵副翼可使飞机滚转；放下襟翼能使机翼升力系数增大。另外，机翼上还可安装发动机、起落架和油箱等。机翼有各种形状，数目也有不同。在航空技术不发达的早期为了提供更大的升力，飞机以双翼机甚至多翼机为主，但现代飞机一般是单翼机。

尾翼：尾翼也是机翼，但主要是用来平衡飞行姿态、对飞机进行操纵，比如起飞、降落、在空中转弯。包括水平尾翼（平尾）和垂直尾翼（垂尾）。水平尾翼由固定的水平安定面和可转动的升降舵组成（某些型号的民用机和军用机整个平尾都是可动的控制面，没有专门的升降舵）。垂直尾翼则包括固定的垂直安定面和可动的方向舵。

机身：机身的主要功用是装载乘员、旅客、武器、货物和各种设备；还可将飞机的其他部件如尾翼、机翼及发动机等连接成一个整体。如果将机身和机翼连接为一个整体，这种飞机叫飞翼。

发动机：有的叫引擎，用来产生拉力或推力，使飞机前进。其次还可以为飞机上的用电设备提供电力，为空调设备等用气设备提供气源。发动机好比人的心脏，现代飞机的动力装置主要包括涡轮发动机和活塞发动机两种。应用较广泛的动力装置有四种：航空活塞式发动机加螺旋桨推进器；涡轮喷射发动机；涡轮螺旋桨发动机；涡轮风扇发动机。随着航空技术的发展，火箭发动机、冲压发动机等，也逐渐被采用。

知识小链接

涡轮发动机

涡轮发动机是一种利用旋转的机件自穿过它的流体中汲取动能的发动机形式，是内燃机的一种。所有的涡轮发动机都具备压缩机、燃烧室、涡轮机三大部分。常用作飞机与大型的船舶或车辆的发动机。

起落装置：起落装置又称起落架，是用来支撑飞机并使它能在地面和其他水平面起落和停放。陆上飞机的起落装置，一般由减震支柱和机轮组成，此外还有专供水上飞机起降的带有浮筒装置的起落架和雪地起飞用的滑橇式起落架。它是用于起飞与着陆滑跑、地面滑行和停放时支撑飞机。

操纵系统：包括各种显示飞机飞行姿态的仪表、用于控制飞机发动机功率、操纵飞机起飞、降落、转弯，军用飞机还要做各种战术动作，比如最早由苏－27战斗机做的“眼镜蛇”机动等等。由于飞机在高空、高速飞行时受到的作用力非常大，现代飞机通常都采用液压、电传操纵系统来协助飞行员。

现代飞机驾驶舱内可供驾驶员使用的飞行操纵装置通常包括：

主操纵装置：驾驶杆或驾驶盘和方向舵脚蹬。在某些采用电传操纵系统的飞机上，驾驶杆或驾驶盘已经被简化成位于驾驶员侧方的操纵杆。

辅助操纵装置：襟翼手柄、配平按钮、减速板手柄。

随着电子技术的发展，飞行操纵装置的形式也发生了根本性的变化。在大型飞机中，传统的机械式操纵系统已逐渐地被更为先进的电传操纵系统所取代，计算机系统的全面使用，使得飞行操纵系统发生了根本性变化，驾驶员的操作已不再像是直接操纵飞机动作，而更像是给飞机下达运动指令。由于某些采用电传操纵系统的飞机取消了原有的驾驶杆或驾驶盘等装置而改为侧杆操纵，驾驶舱的空间显得比以往更加宽松，所以有些驾驶员称此类驾驶舱为“飞行办公室”。

飞行姿态

飞机在空中飞行与在地面运动的交通工具不同，它具有各种不同的飞行姿态。这指的是飞机的仰头、低头、左倾斜、右倾斜等变化。飞行姿态决定着飞机的动向，既影响飞行高度，也影响飞行的方向。低速飞行时，驾驶员靠观察地面，根据地平线的位置可以判断出飞机的姿态。但由于驾驶员身体的姿态随飞机的姿态而变化，因此这种感觉并不可靠。例如，当飞机转了一个很小角度的弯，机身倾斜得很厉害，驾驶员一时不能很快地调整好自己的平衡感觉，从而不能正确地判断地平线的位置，就可能导致飞机不能恢复到正确的飞行姿态上来。还有的飞机在海上做夜间飞行，漆黑的天空与漆黑的大海同样都会闪烁着星光或亮光。在这茫茫黑夜中单凭肉眼很难分辨哪里是天空，哪里是大海，稍有失误，就容易迷航，甚至发生飞机掉进海中的事故；这种情况在航空发展史的初期曾经频频发生。

为了正确引导飞行员掌握飞行姿态，保证飞行安全，有必要在飞机驾驶室里安装一种可以指示飞机飞行姿态的仪表。这块仪表必须具有这样一种性能：即能够显示出一条不随着飞机的俯仰、倾斜而变动的地平线。在表上这条线的上方即为天，下方即为地。天与地都分别用不同的颜色予以区别，非常醒目。怎样才能造出这条地平线呢？设计者从玩具陀螺中获得了灵感。

许多人小时候都玩过陀螺。陀螺的神奇之处在于当它转动起来以后，无论你如何去碰它，它总是保持直立姿态，决不会躺倒。而且它转得越快，这种能保持直立的特性就越强。用专业一点的话说就是陀螺的轴稳定性非常好：陀螺转动起来后，它可以保持它的旋转轴的指向不受外界的干扰、而一直指向它起始的方向。人们利用陀螺的这个特性，在 19 世纪末就制造出来陀螺仪，其核心部分是一个高速转动的陀螺，专业术语叫“转子”。把转子装在一个各方向均可自由转动的支架上，这就是陀螺仪。

把陀螺仪安装到相关设备上以后，不管这个设备（飞机、火箭、卫星、船舶、潜艇等）如何运动，陀螺仪内转子旋转轴的方向是不会改变的。飞机发

拓展阅读

陀螺效应

所谓陀螺效应，简单来说就是旋转的物体有保持其旋转方向（旋转轴的方向）的惯性。陀螺有两个特点：进动性和等轴性。当高速旋转的陀螺遇到外力时，它的轴的方向是不会随着外力的方向发生改变的，而是轴围绕着一个定点进动。

明后不久，陀螺仪就被用到了飞机上。把陀螺仪的支架和机身连在一起，它的转子在高速旋转时，旋转轴垂直于地面，有一根横向指示杆和转子轴垂直交叉相连。飞机可以改变飞行姿态，但转子轴会始终指向地面，横向标示杆就始终和地平线平行，它在仪表中被叫作人造地平线，这个仪表被称为地平仪，也叫姿态指引仪。在实际飞行时，驾驶员在任何时都应相信地平仪指示出的飞行姿态而不是相信自己的感觉判断，从而避免因飞机的剧烈俯仰倾斜动作导致的判断失误，这样才能保证飞机安全飞行。

关于自动化飞行

飞机能不能不用驾驶员，自动去飞行？在地平仪被装在飞机上以后，一些设计师就有了这个想法。1914 年，一名美国发明家斯派雷利用地平仪上陀螺指针作为飞机平飞的标准，用电器装置测出飞机飞行时和这个标准的偏离，再用机械装置予以校正，就使飞机保持在平飞的状态上。这就是世界上第一台自动驾驶仪。虽然它只能保持飞机的平飞，但它给后人以启迪，从此开始了飞机自动飞行的时代。

20 世纪 70 年代，电子计算机进入飞机，飞机有了自己的电子“大脑”。首先使用了 3 个电子计算机（飞行控制计算机）分别控制飞机 3 个轴的飞行状态。此时的飞机不仅能被控制平飞，而且可以控制转弯和升降。考虑到飞机在做转弯和升降运动时，它的推力必须相应地发生变化，为了要顺利地完成这些过程，就有必要同时控制发动机的推力。于是第二步又在飞机上加装了管理推力的推力控制计算机。飞机由于有了自行控制飞行姿态和推力的能力，初步实现了自动任意飞行。但它也只限于保持在已设定的路线上的飞行。它还没能与机上的仪表系统全面联系起来，对外界的变化及时做出反应。为了使飞机真正实现自动控制飞行的全过程，也就是能“独立自主”地飞行，这就需要统一管理上述两套系统（姿态和推力）并且与其他仪表系统实行大联合。所以第三步是在飞机上又装上一台能力更强的计算机，全面管理和协调飞行。这台统管全局的计算机叫飞行管理计算机。它是飞机的核心中枢。在这个中枢的数据库内存储着各个机场及各条航路的数据。驾驶员只要选定航路的起点和终点，将命令输入这台计算机内，它就可以代替驾驶员指挥飞机起飞、爬升、巡航、下降直到降落在目的地机场。这套系统还可以在飞行全过程中即时发出指令，使飞机按照最佳的飞行状态、最合理的使用推力、最经济的油耗飞完全程，从而实现了全程自动化飞行。听起来，由这套计算机系统控制的飞机飞得比由驾驶员控制飞得还好，那么，是不是以后飞机飞行就不需要驾驶员了？答案是：不行。原因之一是飞机的航行线路要由驾驶员设定并输入到计算机中去；原因之二是飞机在起飞和降落这两个阶段中，变化因素太多，计算机只能按预先编好的程序动作，不具备灵活反应的能力；原因之三是即使飞机在巡航状态时，驾驶员可以不做任何动作去控制飞机，但他必须监视这个机器“大脑”的工作。万一这台“大脑”出现什么故障或反应不够及时，驾驶员要立刻接管驾驶飞机的任务，这样才能保证飞行安全。

广角镜

世界上第一台电子计算机

计算机是由早期的电动计算器发展而来的。1946 年，世界上出现了第一台电子计算机“ENIAC”，用于计算弹道。是由美国宾夕法尼亚大学莫尔电工学院制造的。它的体积庞大，占地面积 170 多平方米，重量约 30 吨，消耗近 150 千瓦的电力。

大名鼎鼎的黑匣子

现在，很少有人不知道飞机黑匣子的大名。一架飞机失事后，人们在全力救援失事飞机的机上人员时，还要千方百计地去寻找飞机上的黑匣子。因为黑匣子是判断飞行事故原因最重要及最直接的证据。虽然叫黑匣子，其实它的颜色却不是黑的，而是醒目的橙色，黑匣子只不过是大家约定俗成的一个俗名而已。黑匣子的正式名字是“飞行信息记录系统”。在电子技术中，把只注重其输入和输出的信号而不关注其内部情况的仪器统统称为黑匣子。飞行信息记录系统是一种典型的黑匣子式的仪器。为了方便，业内人士都叫它黑匣子，传到社会上，公众也只知道飞机上有个黑匣子。

黑匣子

飞行信息记录系统包括两套仪器：一个是驾驶舱话音记录器，实际上就是一个磁带录音机。从飞行开始后，它就不停地把驾驶舱内的各种声音，例如谈话、发报及其他各种声音响动全部录下来。但它只能保留停止录音前 30 分钟内的声音。第二部分是飞行数据记录器，它把飞机上的各种数据即时记录在磁带上。早期的记录器只能记录 20 多种数据，现在记录的数据已可达到 60 种以上。其中有 16 种是重要的必录数据，如飞机的加速度、姿态、推力、油量、操纵面的位置等等。记录的时间范围是最近的 25 小时。25 小时以前的记录就自动被抹掉。

有了这两个记录器，平时在一段飞行过后，有关人员把记录回放，用以重现已被发现的失误或故障。维修人员利用它可以比较容易地找到故障发生的位置；飞行人员可以用它来检查飞机飞行性能和操作上的不足之外，改进飞行技术。一旦飞机失事，这个记录系统就成为最直接的事故分析依据。为了保证记录的真实性和客观性，驾驶员只能查阅记录的内容而不能控制记录器的工作或改动记录内容。为了确保记录器即使在飞机失事后也能保存下来，就必须把它放在飞机上最安全的部位。根据统计资料知道飞机尾翼下方的机尾是飞机上最安全的地方，于是就把这个“黑匣子”安装在此处。黑匣子被放进一个（或两个）特殊钢材制造的耐热抗震的容器中，此容器为球形或长方形，它能承受自身重力1000倍的冲击、经受11000℃的高温30分钟而不被破坏，在海水中浸泡30天而不进水。为了便于寻找它的踪影，国际民航组织规定此容器要漆成醒目的橘红色而不是黑色或其他颜色。在它的内部装有自动信号发生器能发射无线电信号，以便于空中搜索；还装有超声波水下定位信标，当黑匣子落入水中后可以自动连续30天发出超声波信号。有了以上这些技术措施的保障，不管是经过猛烈撞击的、烈火焚烧过的、掉入深海中的黑匣子，在飞机失事之后，绝大多数都能被寻找到。根据它的记录，航空事故分析业务进展了一大步。在保障飞行安全，改进飞机设计直至促进航空技术进步各方面，黑匣子都是功不可没的。

拓展阅读

黑匣子的由来

1908年，美国发生了第一起军用飞机事故。此后，随着飞行事故不断发生，需要有一种追忆事故发生过程原因的仪器。二战期间，飞行记录装备仪器在军用飞机上应用，后来又用到民航飞机上。而黑匣子则是一位墨尔本工程师在1958年发明的。之所以被称为黑匣子是由于把它装进坚固的匣子保证设备在飞机出事故后不被破坏。

飞机的优点与不足

和其他交通运输工具相比，飞机有很多优点：

速度快。目前喷气式客机的时速在900千米左右。从北京起飞到杭州，也不过2个小时左右就到了。而军用飞机的速度就更快了，美国著名的战略侦察机SR－71“黑鸟”，据说达到了双三：速度可以超过3000千米/小时、高度可以达到3万米。

你知道吗

喷气式飞机的发明人

亨克尔（1888—1958），德国飞机设计师，喷气式飞机的发明人。从1912年至第一次世界大战后期，亨克尔担任欧洲几家公司的工程师和技术顾问，以设计军用飞机闻名。1922年组建亨克尔飞机工厂，研制和生产各种轰炸机、客机和水上飞机。亨克尔设计的飞机在两次世界大战中均得到使用。

机动性高。飞机飞行不受高山、河流、沙漠、海洋的阻隔，而且可根据客、货源数量随时增加班次。2008年5月12日，四川汶川发生大地震时，正是飞机在第一时间为灾区及时运送了抢险、医疗救护、救灾工具和灾区急需的食品、饮用水。

安全舒适。据国际民航组织统计，民航平均每亿客千米的死亡人数为0.04人，是普通交通方式事故死亡人数的几十分之一到几百分之一，和铁路运输并列为最安全的交通运输方式。

但是飞机作为交通工具也有自身的局限性：

价格昂贵。无论是购买飞机本身，还是飞行所消耗的油料以及对飞机进行保养维护，其成本相对其他交通运输方式都高昂的多。

容易受天气情况影响。虽然现在航空技术已经能适应绝大多数气象条件，但是比较严重的风、雨、雪、雾等气象条件仍然会影响飞机的起降安全，也是导致航班调整甚至取消的主要原因。所以，天气如何成为经常乘坐飞机旅行的人最关心的事情。

起降场地有限制。飞机必须在飞机场起降，一个城市最多不过几个飞机场，而且机场受周围净空条件的限制多分布在郊区。由于从飞机场到市区往往需要一次较长的中转过程，这也是大家感到不方便却无可奈何的事情。对于军用飞机，机场更是最大的弱点，因此，一方面在海上出现了航空母舰这样的浮动机场，另一方面也是刺激人们研究发展不需要机场的飞机的原因。

有关飞机的一些纪录

◎最大航速

航速是飞机最重要的性能之一。下面是历史上的一些最大航速纪录：

1910 年 106 千米/小时，法国，Bleriot XI；

1913 年 204 千米/小时，法国，Deperdussin；

1923 年 417 千米/小时，美国，Curtiss R2C－1；

1934 年 709 千米/小时，意大利，Macchi MC. 72（水上飞机，此项纪录保持至今）；

1939 年 755 千米/小时，德国，梅塞施米特 Me 209 V1；

1941 年 1004 千米/小时，德国，梅塞施米特 Me 163（火箭式歼击机）；

1947 年 1127 千米/小时，美国，Bell X－1；

1951 年 2028 千米/小时，美国，道格拉斯 Skyrocket；

1956 年 3058 千米/小时，美国，Bell 52 X－2（火箭式）；

1961 年 5798 千米/小时，美国，北美航空，X－15（火箭式飞机）；

1965 年 3750 千米/小时，美国，洛克希德 SR－71 黑鸟（喷气式飞机）；

1966 年 7214 千米/小时，美国，北美航空 X－15（火箭式飞机）；

2004 年 7700 千米/小时，美国，波音 X－43A（无人驾驶，喷气式飞机）。

◎大航程

2004 年的 6 月 28 日，新加坡航空公司重新开通了新加坡与美国纽约纽华克机场之间的每日不停站直航航班，航班号 SQ21/SQ22，超过了之前新加坡至洛杉矶的航线，成为全球最长不停站商业飞行的航线。新航以空中客车 A340－500 客机飞行该航线，整个航程达到了 16600 千米，飞行需时 18 小时。

◎ 载重及载客能力

目前载重能力最好的是苏联安托诺夫设计局所制造的 An－225 梦想式运输机，离陆重量超过 600 吨，载重量可达 300 吨。

目前载客人数最多的是空中客车 A380 客机，采用最高密度座位时可载 850 人。

广角镜

世界上第一次客货空运 P44

1911 年 2 月，英国飞行员蒙斯·佩凯在印度驾机为邮政局运送了第一批邮件，同年 7 月初，英国飞行员霍雷肖·巴伯将一名女乘客从肖拉姆运送到亨登，并为通用电气公司将一纸箱“奥斯拉姆”灯空运至霍夫。这是世界上第一次客货空运。

20 世纪 20 年代飞机开始载运乘客，第二次世界大战结束后，美国为解决积压的飞机，开始把大量的运输机改装成为客机。60 年代以来，世界上出现了一些大型运输机和超音速运输机，逐渐推广使用涡轮风扇发动机。比较著名的有苏联生产的安－22、伊尔－76；美国生产的 C－141、C－5A、波音－747；法国的空中客车等。超音速运输机有英法联合研制的“协和”式和苏联的 Tu－144。然而，超音速客机的发展并不乐观。“协和”式飞机售价过高，经济效益一直不好，因而已于 80 年代停止生产。苏联的 Tu－144 也因为同样的原因也在 80 年代停航。

民用飞机

民用飞机是用于非军事目的的飞机。早期，飞机并没有军用和民用之分。第一次世界大战结束后，为战时需要而生产的大量飞机，仅作一些简单的改装就用于运输邮件、货物和旅客了。但是，民用飞机和军用飞机的最大差别在于运营的经济性，所以民用飞机不能简单地用军用飞机改装，随着航空工业的不断发展和被用于国民经济的各部门，飞机便分成了军用和民用两大类。

民用飞机作为一种运人载物的交通工具，特别强调其安全性、经济性和舒适性。对旅客来说，保证旅客在飞行中的生命安全是最首要的要求。

当然，民用飞机可以随时转为军用。海湾战争期间，美国曾动员民用飞机用于军事运输。预警机、加油机等军事用途飞机也往往由民用飞机改型而成。

飞机的发明

飞机的发明，深刻地改变和影响着人们的生活，飞机日益成为现代社会不可缺少的运载工具。由于发明了飞机，人们出外旅行的时间大大缩短了。

世界上第一次环球旅行是16世纪完成的。当时，葡萄牙人麦哲伦率领一支船队从西班牙出发，足足用了3年时间，才穿越大西洋、太平洋，环绕地球一周，回到西班牙。

19世纪末，一个法国人乘火车环球旅行一周，也花费了43天的时间。

飞机发明以后的1949年，一架B－50型轰炸机，经过4次空中加油，仅仅用了94个小时，便绕地球一周，飞行37700千米。在超声速飞机问世以后，人们飞得更高、更快了。1979年，英国人普斯贝特只用14个小时6分钟，就飞行36900千米，环绕地球一周。在不到一天的时间里，就可以飞到地球的各个角落，这对于生活在20世纪以前的人类来说，难道不是一个人间奇迹吗？

错综复杂的空中航线把世界各国连接起来，为人们提供了既方便又迅速的客运。早在20世纪20年代，航空运输就开设了定期航班，运送旅客和邮件。自从20世纪70年代末中国改革开放以来，中国的经济取得飞速发展，中国的航空事业发展比较明显，空中航线更是四通八达，坐飞机已经不是什么奢侈的事情，而是平常又平常的事情。早晨还在北京、中午出现在千里之外的广州或上海、昆明，办完事情晚上再回到北京，对于许多人来说已是日常生活内容了，就像人们开玩笑时经常说的“打个飞的”那样。这在20世纪以前则是不可思议的。

飞机的发明也使航空运输业得到了空前发展，许多为工业发展所需的种种原料拥有了新的来源和渠道，大大减轻了人们对当地自然资源的依赖程度。特别是超音速飞机诞生以后，空中运输更加兴旺。那些不宜长时间运输的牲畜和难以长期保存的美味食品，也可以乘坐飞机而跨越五湖四海，给世界各地的人们共赏共享。“一骑红尘妃子笑，无人知是荔枝来”，当年连贵妃娘娘都不易品尝到的岭南荔枝，如今“坐飞机”过来也用不了一天时间，早已成为百姓家中的寻常水果了。

当然，飞机在国家防御体系中的作用同样非常重要，现代战争离开强有力的空中支持是不可想象的。军用飞机不仅可以用于侦察、轰炸、争夺制空权，而且在预警、反潜、扫雷等方面也极为出色。在20世纪90年代初爆发的海湾战争、后来的美国发动的伊拉克战争中，飞机的巨大威力有目共睹。但是和平利用飞机，才是人类发明飞机的初衷。

航空是人类在20世纪所取得的最重大的科学技术成就之一。在民用领域，它首先应用于交通运输事业，使人类大大扩展了自己的活动范围，把天涯海角联系在一起。1924年道格拉斯公司“世界巡航”号飞机第一次作分段环球飞行，历时175天，飞完42400千米。1929年8月齐伯林飞艇用21天7小时34分环球飞行一周，轰动了世界，今天这个记录大大缩短了。1992年10月，一架“协和”号超音速客机，为了纪念哥伦布发现美洲新大陆500周年，只用了32小时49分绕地球一周，创造了环球飞行的新纪录。

早期客机——美国的克劳德斯特双翼客机

基本小知识

哥伦布

哥伦布（1451—1506）生于意大利热那亚，一生从事航海活动。

在西班牙国王支持下，从1492年开始至1504年结束，先后4次出海远航，开辟了横渡大西洋到美洲的航路。先后到达巴哈马群岛、古巴、海地、多米尼加、特立尼达等岛。在帕里亚湾南岸首次登上美洲大陆。考察了中美洲洪都拉斯到达连湾2000多千米的海岸线。

和其他运输形式相比，航空运输有很多优点。首先是快，目前大型飞机时速800～900千米，是铁路的13～15倍，比轮船快20～30倍，比动车组旅客列车也要快至少3～5倍。在追求高效率的今天，航空运输为人类旅行节省的时间具有无法估量的价值。其次是机动，航线不受高山、大川、沙漠、海洋的阻隔，且可根据客、货源数量随时增加班次。第三是安全舒适，据国际民航组织统计，近年来世界民航定期航班失事率大大降低，平均每亿客千米的死亡人数为0.04人，是其他运输方式事故死亡人数的几十分之一到几百分之一。

现保存在加州飞行博物馆中的“世界巡航者新奥尔良”号

20世纪20年代末，世界发达国家有越来越多的人开始享受飞行的便利，美国境内航空公司如雨后春笋般涌现，飞机开始改变世界。联合航空、横贯大陆及西部航空（TWA）、美国航空成为主要的航空公司。当时投入运营的飞机主要是福克F－10系列和福特AT系列之类的金属蒙皮三发机种，并成为当时的工业标准。这些木质骨架飞机基于一战时期的技术，在升空之前就已经显得过时，飞得很慢很低，并且维护起来很困难。在TWA航空的一架福克F－10坠毁，导致圣母院橄榄球队传奇教练纽特·罗克尼遇难后，各大航空公司都开始寻求新一代更安全且易于维护的旅客机。道格拉斯飞机公司抓住机会，推出了DC系列运输机，不仅满足当时航空公司的要求，而且成为20世纪30—40年代全球的标准民航机。

DC－1运输机

道格拉斯运输机的第一杰作是DC－1，是应航空业改善维护性要求而设计的，维护性满足美国商用航空局（联邦航空局的前身）要求。当时各大航空公司需要一种全新、更安全且维护性更好的旅客机，波音公司率先推出了全金属双发单翼机——Model 247。波音247成为当时最先进的飞机，美国航空定购了60架，使得波音的生产组装线满负荷运转，其余的航空公司要想定购247就只有等到美国航空的飞机交付完毕之后了。TWA公司并不想在航空业现代化的竞争中落后，为此自行启动了研制新一代旅客机的招标。

知识小链接

波音公司

波音公司是全球航空航天业的领袖公司，也是世界上最大的民用和军用飞机制造商。它还设计并制造旋翼飞机、电子和防御系统、导弹、卫星、发射装置，以及先进的信息和通讯系统。作为美国国家航空航天局的主要服务提供商，它运营着航天飞机和国际空间站。它也提供众多军用和民用航线支持服务，其客户分布在全球90多个国家。

1932年8月2日，TWA将设计规格递交航空工业界，规定得相当详细：全金属单翼设计，3台增压发动机，每台功率不小于367500瓦。双人制驾驶舱，至少可搭载12名乘客。还规定了航程不小于1738千米，最大速度不低于298千米/小时，巡航速度不低于235千米/小时，爬升率366米/分，实用升限不低于3048米。这些要求以当时得技术水平来说并不苛刻，但是在TWA加上“在失去一个发动机且满载的情况下，在TWA的任意一机场都必须具有令人满意的良好控制下的起飞”一条后就不同了。除了波音外的所有主要飞机制造企业：通用航空、马丁、联合、寇蒂斯和道格拉斯都收到了设计规格书。

线条优美的波音247，依稀可以看到B－17的身影

道格拉斯的DC－1很容易就成为最先进，也是最受争议的型号。客舱空

间足够乘客直身而立，这在当时是一项创新，并采用了一体式中央发动机舱/机翼结构段，增加了强度。外翼段使用螺栓固定在中央翼段上，机翼维护变得简单。发动机采用 700 马力级的型号，并采用全 NACA 设计规范得发动机整流罩，阻力更小。但道格拉斯的设计只有两个发动机，这就意味着要满足 TWA 的要求，就必须要具有单发起飞能力。正在道格拉斯工程师担心无法满足要求时，TWA 定购了 DC－1。

1933 年 7 月 1 日，道格拉斯试飞员卡尔·卡沃和福瑞德·赫曼驾驶 DC－1 在克劳沃机场的跑道上首次升空。由于化油器出现故障，试飞草草结束，但飞机的确表现出色。在完成了为期三个月的工厂、TWA 和商用航空局联合试飞后，DC－1 获得美国商用航空局型号认证。DC－1 进行过的测试项目之一就是 TWA 单发测试，试飞机组只使用一个发动机从新墨西哥州阿尔伯克基（TWA 海拔最高的机场）飞到了亚利桑那州温斯洛。TWA 对此相当满意，并在 1938 年 12 月接收了这架 DC－1。TWA 为此仅支付了 12.5 万美元，但道格拉斯却花了 80.7 万美元来制造这架原型机，道格拉斯表面上看起来亏损严重，但重要的是 TWA 签署了首批 20 架改进型 DC－1 订单，这些飞机将增加座位，型号为 DC－2。

DC－1 在测试后对最初设计进行了一些改动，增大垂尾面积以增强稳定性，并试用了普拉特惠特尼的 SG－D 大黄蜂发动机，改进后的飞机称为 DC－1A。从此以后，无论军用或民用的 DC 运输机，在订购时都可以选择安装莱特或普惠发动机。TWA 订购的飞机都安装了莱特旋风发动机。TWA 和道格拉斯使用这架 DC－1 打破了多项美国和世界速度纪录，包括一项航程 5000 千米，平均速度 438 千米/小时的横跨美国大陆的飞行。这架“客机”甚至绕着当时的陆军和海军战斗机飞行。

对 DC－1 感兴趣的不仅是航空公司，美国陆军航空队需要一种现代化的货运/部队运输机，DC－1 看起来十分合适。1933 年 6 月，DC－1 在陆军航空发展中心所在的莱特机场作了停留。在此地，陆军和道格拉斯试飞员驾驶这架旅客机进行了性能展示。虽然陆军十分欣赏 DC－1，他们还是想等改进型号出来再下订单。在完成了全部任务后，TWA 将 DC－1 卖给了著名富翁霍华德·休斯。休斯将其用于速度竞赛，后又转卖给了西班牙政府。1940 年 12 这架 DC－1 在马耳他机场的一次起飞中因发动机故障而坠毁。

DC－1 在陆军航空发展中心所在莱特机场作停留

国际上把从事赢利性公共航空运输活动以外的所有民用活动统称为通用航空，主要包括为工农业生产服务的作业飞行、文化体育运动飞行、教学飞行、娱乐游览飞行、公司及政府的专用飞行等。根据上述需要，派生出一系列专门用途的飞机，如农业机、森林防护机、航测机、医疗救护机、游览机、公务机、体育机、试验研究机、气象机、特技表演机、执法机等。通用航空飞机还包括各种轻型和超轻型飞机、直升机和滑翔机等。

新中国的航空事业

1949 年新中国建立之初，别说是飞机制造业，基本上所有的重型装备制造业都处于“一穷二白”的状态，但是，很快，随着“一五”、“二五”计划的实施，新中国终于逐步实现了自己制造飞机的梦想。在跨入 21 世纪以后，中国经济有了突飞猛进的增长，技术能力也有了空前提高，中国成为航空大国、航空强国的步伐越来越快。

初教－5 教练机，我国第一种自行制造的初级教练机，原型为苏联雅克－18 教练机。雅克－18 是由苏联雅克福列夫设计局于 1946 年设计生产的双座初级教练机。1951 年，中共中央批准国有航空工业争取在 3—5 年内，从修理起步，逐步过渡到仿制苏联教练机和歼击机。

1951 年 4 月 23 日，国家航空局决定在南昌建立飞机制造厂。5 月 13 日第一批建设者到达南昌，在国民党政府与意大利 1934 年合建的“国民党第二飞机制造厂和航空研究院”的旧址上开始了工作。当时只有一条 1500 米的碎石跑道，1 座厂房，7 座旧机棚，30 多台旧机床。经过第一代建设者的奋斗，建厂仅仅148天就开始修理从朝鲜战场上转下来的飞机。当年年底，南昌飞机制造厂已修理雅克－18型飞机38架。

1954年4月1日国家航空工业局批准南昌飞机制造厂提前成批生产雅克－18。1954年7月，南昌厂仿制成功首架雅克－18教练机，命名为初教－5。1954年7月3日下午5时15分，初教－5首飞成功。与之配套的株洲航空发动机制造厂也正式成立。尽管现在看来初教－5老得掉牙，但它却是我国批量制造飞机和航空发动机的开端，有着不同寻常的意义。初教－5飞机在当年就生产了10架，次年交付部队60架，到1958年共生产了379架。

你知道吗

何谓教练机

教练机顾名思义是训练飞行员基本飞行技术的专用飞机。在和平时期，教练机常常是空军里单一机种中数量最大的。教练机要求廉价、耐用、容易操纵，为了适合初学学员，需要容忍粗暴操作。教练机还需要具有很高的出动率，好大量培训新飞行员，所以需要运行成本低廉、维修简单。

该机机身由合金钢管焊接成骨架，呈构架式机身骨架。机身前段及发动机整流罩为铝合金蒙皮。机身后半段由布质蒙皮覆盖。机翼由梯形外翼和矩形中翼组成。中翼为全金属结构，由两根大梁、八根翼肋等组成，中翼中装有两个容量75升的油箱。中翼与机身框架连接。外翼与尾翼的前缘、梁、翼肋等用铝合金制作；布质蒙皮。发动机选用工作可靠、使用方便的M－11FP5缸气冷式活塞发动机。后三点式起落架，主轮半埋状收入中翼，尾轮固定不可收。纵列式密封座舱具有良好的视野。机上装有无线电收报机和机

国产Y－5（运5）原型机AN－2轻型多用途单发双翼运输机

内通话设备。

中国1990年用于通用航空的飞机总共才约400架，主要机种是运5型飞机。而现在，中国已经成为世界上的航空大国之一，拥有强大的航空运输机群。而且，随着我国大飞机项目的实现，在不久的将来，中国制造的大型客机一定会翱翔在五洲四海的蓝天之上。

新中国早期的机种，以苏制飞机为主，小型机以运5、中型支线客机以伊尔－12和伊尔－14为主，20世纪中后期，则以安－26等为主。在这一时期，我国借鉴进口飞机，在进口飞机基础上根据我国航空飞行的特点，研制出了运－7、运－8、运－10、运－11/运－12等一些客机，为我国发展具有独立知识产权的新型飞机奠定了坚实的基础。

运5起飞的瞬间

我国通过与外国飞机制造厂商的合作，生产制造了很多波音系列、空客系列飞机的部件，如我国参与了MD－82、波音、空客飞机等许多客机合作生产项目，这些产品以优良的品质保障了飞机的安全飞行，为中国的航空制造业赢得了荣誉。

基本小知识

空客飞机

空客飞机是欧洲空中客车工业公司研制的双发宽机身中远程喷气式客机。批量生产的第一种飞机A300型，于1969年开始试制，1972年10月首次飞行，1974年5月交付使用。空中客车系列飞机，机身采用普通半硬壳式结构，截面为圆形。主要部件采用高强度铝合金、钢和钛合金。悬臂式后掠中单翼，全金属尾翼。机翼下装两台涡轮风扇发动机。

保存在上海航空宇中心的伊尔－14M 支线客机

在中国航空史上，大家最熟悉的，莫过于“两个翅膀”的小型多用途飞机运—5 了，这种以苏制安－2 型飞机为原型生产制造的小型飞机，可以担任短途客机、运输机、农业飞机、伞兵空降训练飞机、医疗救护机等，以其优良的安全性、对机场场地的适应性和良好的飞行操纵性能受到了普遍的赞赏。

苏制伊尔－12 和伊尔－14 曾经是我国国内航线的主力机种，现在，这些当年的“空中雄鹰”往往都静静地待在航空博物馆等里面，接待游客的参观。

在 20 世纪 60—70 年代，我国民航的大型主力机种之一是苏制的四发动机的伊尔－18 型客机，周恩来总理等中国领导人，就是乘坐这种飞机出国访问的。

曾经是中国洲际飞行主力机种的伊尔－18 型客机

现在，伊尔－18 型客机也早已退出了航空历史舞台，成为人们回顾航空发展史的标本。在北京昌平的航空博物馆里，就保存着伊尔－18 型客机，经常吸引一些曾经在电影上面看见过它空中英姿的人的目光。

运 7 飞机

运-10——中国的第一架喷气式客机

运-10飞机的研制始于1970年8月，1980年9月26日首飞成功。运-10飞机的客舱按混合级布置为124座，头等舱16座，排距1.05米，旅行舱108座，排距0.88米。全经济级布置149座，排距0.88米；按高密度布置(排距0.7366米）可达179座。

运-10飞机的最大起飞重量110吨，最大商载25吨；最大巡航速度974千米/小时；最大商载航程3150千米，5吨商载航程可达8300千米；最大加油量51吨；实用升限12000米。运-10飞机共研制两架，其中01架用于静力试验，02架用于飞行试验。静力试验结果表明运-10的静强度完全符合设计要求。飞行试验结果充分说明该机具有良好的飞行品质。运-10从1980年9月首飞成功到1984年共飞行了130多个起落、170多个飞行小时。先后飞抵北京、哈尔滨、乌鲁木齐、郑州、合肥、广州、昆明、成都等国内主要城市，并7次沿“死亡航线”飞抵拉萨，成为首架飞抵拉萨的国产飞机。

拓展阅读

运-10飞机研制成功的意义

运-10飞机的试飞成功，填补了中国航空工业的一项空白，是一项重大科技成果。在设计技术上，有10个方面为运-10运输机国内首次突破；在制造技术上，也有不少新工艺是国内首次在飞机上使用。

◎运-10创造的中国飞机第一纪录

运-10飞机是第一架国产喷气式旅客机；

运-10飞机最大起飞重量高达110吨，是20世纪最大的国产飞机；

运-10飞机最大航程长达8300千米，是20世纪飞得最远的国产飞机；

运-10飞机最大时速（真速）达974千米，是20世纪飞得最快的国产运输机；

运－10飞机的实用升限高达12000米，是20世纪飞得最高的国产运输机；

运－10是20世纪第一架按英美适航条例（CAM4b和后来的FAR25部）设计的国产飞机；

运－10飞机是20世纪第一架飞抵拉萨的国产运输机。

◎运－10总体数据

速度

（1）最大巡航速度（100吨，8000米）：974千米/小时（真速）

（2）经济巡航速度（100吨，11000米）：917千米/小时（真速）

最大巡航高度12000米（39370ft）

航程

（1）15吨商载、M＝0.82、巡航高度11000米：6400千米

（2）5吨商载、M＝0.82、巡航高度11000米：8300千米

机组/乘员

机组：5人驾驶制、4个服务员

乘员：混合级124人：头等舱16座、排距1.05米/41.34英寸（1英寸约为2.54厘米）；经济舱108座、排距0.88米/34.65英寸；全经济级149人、排距0.88米/34.65英寸；最大起飞重量110000千克（242500lb）。

我国首架具有完全自主知识产权的新支线飞机ARJ 21－700

2007年12月21日，我国首架具有完全自主知识产权的新支线飞机ARJ 21－700，在上海飞机制造厂总装下线。

由中国一航自行研制生产的中国首架自主知识产权的喷气支线客机ARJ

21－700 飞机总装下线仪式于 2007 年 12 月 21 日在中国航空工业第一集团公司上海集团上海飞机制造厂举行。国务院副总理曾培炎和中共中央政治局委员、上海市市委书记俞正声出席了隆重的总装下线仪式。

ARJ 21 支线客机，是中国航空工业第一集团公司整合其民用飞机研发资源，2002 年由国务院正式批准立项研制的，从批准立项到总装下线仅用了 5 年的时间。据了解，本次总装下线的 ARJ 21－700 型支线客机，采用了每排五座机身，下单翼，尾吊两台先进的发动机为动力的短涵道分流动力装置，高平尾、前三点式可收放起落架布局。该机拥有支线客机中最宽敞的客舱，为乘客提供了更多的行李空间和舒适的乘坐环境。ARJ 21－700 新支线飞机是我国支线客机系列化发展的基本型，同时还将发展加长型、货运型和公务型等多种系列机型。

广角镜

中航商用飞机有限公司

中航商用飞机有限公司成立于 2002 年 9 月，是我国唯一的以民用飞机研制和开发为宗旨的有限责任公司，总部设在上海市。是 ARJ21 新一代支线飞机研制的责任主体和经营主体，也是该飞机型号合格证和生产许可证的持有者。

ARJ 21－700 支线飞机的驾驶舱

据了解，ARJ 21－700 支线客机适合中国和世界上多数支线航线使用，也符合像中国西部高温高原机场起降和复杂航路。所以该机从研制起就得到了国内和国外客户的青睐，截至目前，订单总数已达 171 架，另有两架来自海外的意向订单。

中国一航采用了先进的计算机网络协同工作手段和并行工程管理办法，将研制信息和过程加以整合，并在研发、制造伙伴和国外系统供应商之际进行合作。ARJ 21－700 支线客机经过竞标，择优选择了国际上在航空工业居于领先地位的供应商，其中有通用电器、柯林斯、霍尼韦尔、欧洲利勃海尔等 19 家一流供应商成为支线飞机项目的风险合作伙伴。

ARJ 21－700 总装下线，是中国一航实施大集团战略的胜利。该机由中国一航第一飞机设计研究院设计，2003 年 12 月 20 日在中国一航上海集团上海飞机制造厂、中国一航沈阳飞机工业公司、中国一航西安飞机工业公司和中国一航成都飞机工业公司同时实现零件开工；2005 年 12 月 31 日，中国一航第一飞机研究院完成了全部飞机结构图纸的发放。随后，ARJ 21－700 的机身、机头、机翼、机尾等重要部件相继完成研制，于2007 年3 月31 日在上海飞机制造厂开始总装，并于 12 月 21 日成功总装下线。ARJ 21－700 支线飞机于2008 年上半年首飞，2009 年第三季度交付用户，国人从此乘上有中国人自主知识产权的民用客机，实现国人“中国人乘坐国产飞机”的梦想。

空中的“公共汽车”——现代大型客机

人们要出国跨洲跨洋旅行，选择坐飞机的越来越多。航空成为长途客运的主要方式。这种现象促使客机向大型化发展，出现了越来越多的“空中公共汽车”——大型客机。

它们一般采用大型宽体机身，载客量大幅度提高，如美国制造的波音 747 客机，载客量可达 300 多人。为了提高大型客机的飞行速度，它们都采用了先进的涡轮风扇喷气发动机，能够为飞机提供更大的推进力，使飞机可以以超音速飞行，每小时飞行 1200～1500 千米，使旅客实现快速位移的目的。大型客机不仅服务周全，乘坐舒适，而且配有完善的导航和操纵设备，飞行稳定安全，甚至可以全天候飞行。

目前，国际上最大的民航客机制造集团分别是美国的波音公司和欧洲的空中客车公司。

波音系列飞机

> **你知道吗**
>
> **波音公司第一任总工程师是中国人**
>
> 王助（1893—1965），河北省南宫县人。世界著名飞机设计师和制造技术专家。曾任美国波音公司的第一任总工程师。亲自设计并监制“B&W—C”型水上飞机，成为波音飞机公司制造成功的第一架飞机并以开辟美国第一条航空邮政试验航线的飞机而载入史册。该机一面世就卖出50架，使公司开始站稳脚跟。

波音737系列飞机是美国波音公司生产的一种中短程双发喷气式客机，被称为世界航空史上最成功的民航客机。主要针对中短程航线的需要，具有可靠、简捷，且极具运营和维护成本经济性的特点。波音737销路长久不衰，波音737成为民航历史上最成功的窄体民航客机系列。根据项目启动时间和技术先进程度分为传统型737和新一代737。传统型737包括737－100/－200，737－300/－400/－500，新一代737包括737－600/－700/－800/－900。传统型737已经停产。波音737计划在1964年展开，采用波音707/727的机头和机身横截面。机身可以容纳一排6个座位。737－100最初的设想是一种只有65到80个座位的小容量短途客机。但是在启动客户——德国汉莎航空公司的坚持下，最后737－100的设计容量被提升到100座级。1967年4月9日原型机首次试飞，1967年12月15日获美国联邦航空局型号合格证，第一架737－100飞机于1967年12月28日交付给德国汉莎航空公司。737－100在市场上并不算受欢迎，只生产了30架。波音公司于1967年推出了机身延长的型号737－200，以配合美国市场的需要。737－200系列在市场上大受欢迎，总产量达到1114架，直到1988年才停止生产。波音公司在1981年决定继续设计737系列改进型号，737－300于1984年推出，比737－200略长，应用了波音757与767的现代化驾驶舱设计，机舱设计则来源自波音757，座位数102～145。737－400为737－300的加长型号，载客量为150～180人。737－500

为737－300的缩短型号，续航距离较长，座位数104～132。此系列波音737已于2000年停产。波音公司为应付空中客车公司空中客车A320的竞争，1993年启动新一代737项目（最初称737－NG，NG是“Next Generation”的缩写，意指“次世代”之意），1998年正式投入使用。1993年11月，波音启动波音737－700项目，737－700为基础型号，直接取代737－300。当时启动用户美国西南航空公司订购了63架飞机。首架飞机于1997年12月投入运营。

深圳航空公司波音737—800WL型客机

1994年9月5日，波音737－800项目启动，737－800是737－700的机身加长型号，直接取代737－400。首架飞机于1998年春天交付。1995年3月15日，斯堪的纳维亚航空公司（SAS）订购了35架飞机，成为了波音737－600的启动用户。737－600为737－700的缩短型号。首架波音737－600于1998年交付。1997年11月10日，波音737－900项目启动。737－900为新一代737机身最长的型号。2001年初开始交付。波音737系列的所有机型已获得7000多份订单，在民用航空史上，其他任何机型都未曾在销量方面获得如此巨大的成功，比主要竞争对手空中客车公司成立30年以来全部产品系列所得到的订单还要多。世界上任何时候天空中都有近1000架737在飞翔。

我国各大航空公司，如国航、海航、南航等，都拥有多种型号的波音客机，其中波音737飞机是国内航线的主力机种。

波音747－400大型客机

波音747飞机是美国波音公司研制、生产的四发（动机）远程宽机身民用运输机。是全球首架宽体喷气式客机。是一种研制与销售都很成功的民航客机。

1965 年 8 月开始研制，1969 年 2 月原型机试飞，1970 年 1 月首架波音 747 交付给泛美航空公司投入航线运营，开创了宽体客机航线服务的新纪元。双层客舱及独特外形成为最易辨认的民航客机。自波音 747 飞机投入运营以来，一直是全球最大的民航机，一直垄断着大型运输机的市场，这种情况直到竞争对手空中客车 A380 大型客机的出现。1990 年 5 月起，除波音 747－400 型外，其他型号均已停产。波音 787 梦想飞机（Dreamliner）是波音民用飞机集团的中型双发（动机）宽体中远程运输机，是波音公司 1990 年启动波音 777 计划后 14 年来推出的首款全新机型。波音 787 系列属于 200 座至 300 座级飞机，航程随具体型号不同可覆盖 6500～16000 千米。波音强调 787 的特点是大量采用复合材料，低燃料消耗、高巡航速度、高效益及舒适的客舱环境，可实现更多的点对点不经停直飞航线。2004 年 4 月，随着全日空确认订购 50 架波音 787 飞机，该项目正式启动。

拓展阅读

波音公司的由来

威廉·波音是西雅图市的一个木材商。1914 年，他十分幸运地乘坐了一次飞机。翱翔在蓝天上的难忘体验，使他对航空工业产生了无法抑制的热情，甚至专程去洛杉矶的一所飞行学校学习。1916 年 7 月，他与一个热衷于航空事业的军官威斯特夫成立了太平洋航空器材公司。1917 年，威斯特夫跟随美国海军参战，被逼离开。他于是将公司更名为“波音公司”。

空中客车 A320 系列飞机

空中客车 A320 系列飞机是欧洲空中客车工业公司研制生产的单通道双发中短程 150 座级运输机。空中客车公司在其研制的 A300/310 宽体客机获得市场肯定，打破美国垄断客机市场的局面后，决定研制与波音 737 系列和麦道 MD－80 系列进行竞争的机型，旨在满足航空公司低成本运营中短程航线的需求，航空公司希望飞机能优化客舱布局、行李和货运装卸更方便、操作极具灵活性。A320 系列是一种创新的飞机，为单过道飞机建立了一个新的标准。A320 系列飞机在设计上通过提高客舱适应性和舒适性，以及采用当前单通道飞机可用的最现代化的电传操纵技术。A320 项目 1982 年 3 月正式启动，1987 年 2 月 22 日首飞，1988 年 2 月获适航证并交付使用。最初的法国航空的 A320 在航空展上坠毁，3 名机组成员死亡，事故是由于飞行员对新型电传操纵系统操作不当引起的，调查显示还有大量未解决的问题，但是随着飞机技术的成熟完善，那次事故的影响慢慢消退，不再会影响其优良的声誉了。A320 系列飞机包括 A318、A319、A320 和 A321 在内组成了单通道飞机系列。为运营商提供了 100 至 220 座级飞机中最大的共通性和经济性。A320 飞机自 1988 年 4 月投入运营以来，迅速在中短程航线上设立了舒适性和经济性的行业标准。A320 系列的成功也奠定了空中客车公司在民航客机市场中的地位。

我国的川航，对空中客车飞机情有独钟，以 A320 系列飞机作为其主力机种。

基本小知识

空中客车工业公司

这是一家国际合营公司，于 1970 年 12 月 18 日成立，在法国注册，是属于法国法律所规定的经济利益集团性质的经济组织。该公司目前共有四个正式成员公司和两个协作成员公司。正式成员公司中有：法国航宇公司、联邦德国空中客车工业公司、英国航宇公司和西班牙的 CASA 公司。协作成员公司中有荷兰的福克公司和比利时空中客车公司。

国内总装的空中客车 A320 飞机

2009 年 6 月，国内总装下线的第一架空中客车 A320 飞机在空客天津总装厂举行隆重的交接仪式，交付四川航空运营。据介绍，这架 A320 飞机配备

IAEV2500 发动机，采用两级客舱布局，设有 8 个头等舱座席和 156 个经济舱座席。川航将这架客机命名为“中华龙”号。为配合“中华龙”号的主题，川航特别成立了一支“祥凤乘务组”。七名空姐身着红、蓝、黄、粉、橙等七种颜色的旗袍，左肩上均手工刺绣一只精美的凤凰。整套服饰显得古典而高贵。“希望客人走进客舱能够眼前一亮，带给他们一种喜庆、祥和的气氛”。

空中客车公司与川航联合培养的美女飞行员王志千也在执飞队伍中。

空中客车 A340 是一种由空中客车公司制造的四发动机远程双过道宽体商用客机，设计上类似于双发空中客车 A330，但是装备多了 2 台发动机，达到 4 台。A340 最初设计目的是要与波音 747 竞争，后来则是要与波音 777 竞争远程与超远程的飞机市场。1987 年 4 月欧洲空中客车工业公司决定 A330 和 A340 两个型号作为一个计划同时上马。其概念为：一个基本的机身有相同的机体横截面，以 2 台或 4 台发动机作为动力装置，可以提供 6 种不同的构型覆盖从 250 座至 475 座从地区航线到超远程航线，提高通用性。双发的 A330 在地区航线到双发延程飞行的延程航线均可带来最收益且低运营成本，而四发的 A340 在远程和超远程航线上提供多种功能。A340 在 1988 年开始研发，采用的先进材料、系统和航空电子设备使空中客车公司保持了技术和创新性方面的领先地位。这两种机型也保留了空中客车 A300/A310 系列机型的机身截面设计。同时借鉴空中客车 A320 其先进的航空电子技术。设计 A340 时，与双发动机的 A330 一同开发。A330 和 A340 两种机型有很大的共同性，有 85% 的零部件可以互相通用，

拓展思考

A320 飞机“以新制胜”

A320 飞机在设计中采取“以新制胜”的方针，采用先进的设计和生产技术以及新的结构材料和先进的数字式机载电子设备。大量使用复合材料作为主要结构材料。是历史上第一架放宽静稳定度设计的民用客机。也是历史上第一种采用电传操纵飞行控制系统的亚音速民航运输机，代替了过去主要靠机械装置传输飞行员指令来控制飞机的姿态和动作。

空中客车 A330 客机

采用相似的机身结构，只是长度不同，驾驶舱、机翼、尾翼、起落架及各种系统都相同，这样可以降低研制费用。A330 和 A340 两个型号的研制费共计 25 亿美元（1986 年币值）。A340 – 500 和 A340 – 600 飞机是现役的航程最远的客机。A340 – 300 增强型飞机也具有这些特点。此外，A340 – 300 增强型飞机还从发动机维护成本降低中受益。CFM56 – 5C/P 发动机提高了燃油效率，同时还满足未来的噪音和排放要求。A340 系列飞机通过技术削减飞机维护成本，降低了飞机的重量并减少了燃油成本。2006 年 1 月，空中客车宣布开发 A340E。空中客车宣称，A340E 的燃料消耗，会比早期的 A340 有所改善，以便更有效地与波音 777 竞争。空中客车公司 A340 系列飞机的优势并不仅限于降低了维护和燃油成本。除得益于空中客车公司独特的运营共通性好处外（将飞行员及维护人员的培训时间和成本降至最低），该飞机配备四台发动机的布局可使航空公司有能力灵活制定远程和超远程航线计划。A340 作为一款四发远程飞机不受双发延程飞行的限制，以补充已有的飞机系列，包括当时最新的宽体远程飞机——波音 767，由于必须尽可能靠近紧急转飞用机场，以应付其中一具发动机故障时的情况；四发动机的波音 747 则没有类似的问题。空中客车将 A340 设计成四发动机飞机，就是为了研发一款不受 ETOPS 限制的新一代飞机。1990 年代，空中客车相信四发动机飞机，具有较大的安全程度，在有一具发动机故障的情况下，会比双发动机的波音 777 更为优越。配备四台发动机还可使 A340 飞机不受海洋、山区、沙漠和极地等极端偏远地区地形的影响，而双发延程飞行（ETOPS）限制却制约着双发飞机远程航线的运营。（由于 A340 并不受 ETOPS 约束，维珍航空在宣传其 A340 机队时，曾用一句口号“4 Engines 4 Long Haul”）由于波音 777 远程型号的出现，随着燃油价格上升，双发动机无论在营运成本与经济性方面，均比四台发动机的 A340 为优，与波音 777 相比，A340 是四台发动机，越洋飞机可靠性较好，但发动机性能日益提高，已无明显优越性。由于新型发动机的故障率极低（这可以从双发动机飞机的 ETOPS 认证看到），再加上更高的动力输出，除非是超大型飞机，例如 A380 或者是波音 747，否则四台发动机好像并无必要。航空公司开始倾向波音 777。波音 777 的销售向好，而 A340 的订单就逐年下降。另外，A340 载客量较少，适宜远程客运量少的航线。

空中客车 A380 是欧洲空中客车工业公司研制生产的四发远程 550 座级超大型宽体客机，也是全球载客量最大的客机。A380 为全机身长度双层客舱四引擎客机，采用最高密度座位安排时可承载 850 名乘客，在典型三舱等配置（头等—商务—经济舱）下也可承载 555 名乘客。A380 于 2005 年 4 月 27 日首飞成功，并于同年的 11 月 11 日，首次跨洲试飞抵达亚洲的新加坡。该型号的原型机于 2004 年中首次亮相，至 2005 年 1 月 18 日，空中客车于图卢兹厂房为首架 A380 举行出厂典礼，序号为 001，登记号码为 F-WWOW。2000 年推出的这款飞机被空中客车公司视为 21 世纪的“旗舰”产品。原计划定于 2006 年正式交付投入运营。空中客车 A380 优势所在，首先在单机旅客运力上有无可匹敌的优势，在飞行员改装成本上也较其他机型要低，且时间更短。一直以来，大型远程民用运输机市场被波音公司的 B747 系列所垄断，空中客车在其他机型上都有与波音公司竞争的机型，但只有在这个市场上一直是一个空白，虽然空中客车公司推出了 A340，但仍然不能撼动波音 747 在这个机型上的绝对优势，空中客车公司开发了 500-800 座级大型民航运输机 A380，意在抢夺由波音 747 把持的大型客机市场，最初该计划被称为“A3××”。这个耗资百亿美元的计划提出了对未来民用航空发展的推断：未来世界民航运输机发展将继续向大型化发展，并以此提出了“枢纽辐射”的理念，即旅客通过支线航班汇聚到干线机场，再由大型运输机运送

你知道吗

中国首条 A380 定期航线正式启用

2010 年 8 月 1 日，总部位于迪拜的国际航空公司阿联酋航空正式在其北京航线执飞空中巨无霸空客 A380 客机。伴随阿航 EK306 航班顺利抵达北京首都国际机场 T3 航站楼，中国首条 A380 定期航线正式启用。

空客 A380

到另一干线机场，最后再乘坐支线客机到达目的地。20 世纪 90 年代空客公司宣布了其 A380 超大型运输机计划。空客认为，改善 21 世纪空中交通拥挤的最好办法是增加运力；空客推出 A380 超大型运输机计划项目曾引起不少人担忧，空客则认为大型客机市场还是一块无人争斗的黄金宝地，对市场前景十分乐观，同时为了完善空客的民机系列，占据更有利的位置与波音竞争，值得冒着巨大的商业风险发起 A380 计划。A380 在投入服务后，打破波音 747 在远程超大型宽体客机领域统领 35 年的纪录，A380 的出现结束了波音 747 在大型运输机市场 30 年的垄断地位。

协和式超音速客机

“协和”是原英国飞机公司（现为英国航宇公司）和法国航宇公司联合研制的四发超音速客机。

1956—1961 年，英法两国就分别对超音速客机进行了研究，并各有一种设计方案，由于研制费用高，加上两国方案相近，于是两国决定联合试制。1962 年 11 月达成合作协议，并将飞机正式命名为“协和”。1969 年 3 月 2 日，协和客机在图卢兹实现了首次试飞，1976 年 1 月 12 日协和正式投入航线使用。协和式超音速客机采用无水平尾翼布局，为了适应超音速飞行，协和式飞机的机翼采用三角翼，机翼前缘为 S 形。协和式飞机前机身细长，这样既可以获得较高的低速仰角升力，有利于起降，又可以降低超音速飞行时产生的阻力，有利于超音速飞行。由于机头过于细长，飞行员在起降时视线会被机头挡住，在起飞时机头可下垂以改善起降视野。协和式飞机共有四台涡轮喷气发动机。最大飞行速度 2.04 马赫。最大载重航程 5000 千米。“协和”

总共只生产20架，英法两国各生产10架。

协和式超音速客机是世界上率先投入航线上运营的超音速商用客机。由于经济性差，载客量偏小，运营成本较高以及噪音问题，最终也只有英国航空公司和法国航空公司使用协和式飞机投入航线运营。英国航空公司和法国航空公司使用协和式飞机运营跨越大西洋的航线。2000年7月25日，法国航空公司的一架协和式飞机在巴黎戴高乐机场起飞后2分钟起火坠毁，机上100名乘客、9名机组成员全部遇难，地面另有4名受害者。到2003年，尚有12架协和式飞机进行商业飞行。2003年10月24日，协和式飞机执行了最后一次飞行，全部退役。

拓展阅读

日法的超声速客机

2005年6月，日法就共同开发新一代超声速客机达成协议。日法共同开发的新一代超声速客机一旦研制成功，其续航距离和载客数量都将是英法共同开发的“协和”超声速客机的数倍，噪音和油耗也将被大大缩减。日本宇宙航空研究开发机构于2008年9月15日在澳大利亚内陆实验场进行超声速飞行试验。

1960年代初，当苏联得悉美国、西欧准备研制超声速客机后，仓促上马研制超声速客机。由图波列夫设计局研制的图－144在外形上与协和式飞机非常相近，特别是当苏联驻英使馆人员曾因窃取协和资料被驱逐的消息披露后，因此航空界普遍怀疑图－144是抄袭协和式飞机的，并戏称其为“协和斯基”。图－144与协和式飞机一样采用下单翼结构、双三角翼型、无平尾、可下垂机头。图－144的巡航速度为2.35马赫，最大航程6500千米，载客140人。这些指标优于英法联合研制的协和式飞机。图－144的设计方案于1965年9月在苏联公开展出。1968年12月31日，第一架原型机制成并进行了试飞，创下了一项世界纪录。经过大约三年的试飞，图－144进行了重大的改动，并于1973年投入批量生产。

1973年6月3日，图－144在参加巴黎国际航空展览时，突然坠毁，机上人员全部遇难。根据当时的报道，参展的图－144已经试飞过100余次，飞行

图－144 超声速客机

时间约 300 小时。在此次航展上，该机共进行了两次飞行表演，且都是在协和式飞机表演之后进行的。6 月 3 日的则是为 35 万观众进行的公开表演。在表演中，图－144 曾 3 次穿场而过，在最后一次穿场飞行时，按计划表演低空、低速飞行，飞行高度在 100 米左右。此时飞机放下了起落架，垂下机头整流罩，并放下前置操纵面，像一只大鸟掠过机场，然后开始爬升。当飞机爬升到 1500 米时，突然机头低下来，机腹左侧出现闪光。当飞机的俯冲角拉平到 45°角时，左翼断裂。飞机翻了个身，随后整个飞机在空中肢解开来。飞机主体坠落在距机场几千米外的村庄里，砸死了几个人，毁坏了 15 家农宅，6 名机上人员全部遇难。

图－144S 型客机于 1975 年 12 月 26 日起开始服役，提供货运及邮政服务，来往莫斯科与哈萨克苏维埃社会主义共和国首都阿拉木图之间。1977 年 11 月始提供载客服务，但在 1978 年 5 月 23 日的空难发生后，俄罗斯国际航空在 6 月 1 日把图－144 退出客运行列，其载客服务只历时半年，共完成 55 次航班。

图－144 在退出客运后，货运服务没有终止，俄航使用新型的图－144D 型飞机，配备更省油的 RD－36－51 引擎，其航线可以更长，可来往莫斯科与哈巴罗夫斯克之间。在飞机脱离商用服务以前，共完成了 102 次客运及货运的正式航班。

空中的“小巴士”——小型客机

小型客机载客量多数为十几到几十名乘客，机身自重小，机翼伸展短，可在简易跑道起降，是国内地方航线多采用的机种。过去的小型飞机速度较慢、振动大、乘客感觉差。而现代新型小型客机，飞行速度可达到 800 千米/

小时，不亚于一般大型喷气客机；采用新型复合材料，设计合理舒适；导航通讯设备也已完善，飞行平稳而安全。我国西安飞机公司研制的“运－7”型客机就是小型客机，其性能优良，现在已成为我国国内中短途航线使用的主要机种。

农业机

是用于执行喷药、播种、施肥等田间作业的飞机，早期多用退役的小型飞机改装，近年来有专门研制的农业飞机。著名的农业机有苏联的安－2，安－3，美国的“农用马车”、“农业猫”、“空中拖拉机”，澳大利亚的“空中卡车”和波兰的M－18“单峰骆驼”等。对农业机的要求主要有：良好的稳定性和低空操纵性，便于飞越树林、电线等障碍物；转弯半径要小，便于喷程末端调头，缩短工时；超低空性能好，保证药物喷洒质量；能在简易场地起降；有效载荷大；装卸方便；座舱视界好；安全性好，检查维修方便等。另外，还需要配备先进的农业作业设备。“农业猫”G164是美国施韦策公司根据格鲁门公司转包合同生产的单座双翼活塞式农业机，原型机1957年5月首次试飞，1959年开始交付使用，共生产了2500架左右。1981年又开始生产两种新的改型：G164改进型（药箱比初期型加大40%）和G164涡轮型（换装涡轮螺桨发动机）

> 广角镜
>
> **“空中拖拉机”落户中国**
>
> 2008年6月，由新疆生产建设兵团出资3000万元购买的4架AT－402B型农用飞机正式交付，新疆通用航空有限责任公司与澳大利亚原野航空集团公司在石河子机场举行交接仪式。该机型由美国空中拖拉机飞机制造公司生产，是目前世界上最先进的农用飞机之一，被称为“空中拖拉机”，在我国尚属首次引进。

运－11是我国哈尔滨飞机厂研制的一种轻型双发多用途运输机。哈飞于1974年4月提出设想，1975年1月开始设计，1975年12月30日运－11原型机首次试飞成功。运－11 实现了当年设计，当年试制，当年上天的目标。1977 年 4 月 3 日设计定型投入生产。

运－12

运－11 定型后交付了 41 架，中国飞龙航空服务公司接受 14 架，新疆"军垦农航"10 架，后停产。曾先后用于飞播小麦、水稻、农业施肥、除草、灭虫、绿化草原、地质勘探、空中照相以及支援短途运输、旅游、考察丹顶鹤和东北虎等野生动物等各项作业。该机低速性能良好，座舱宽，视野好，起降要求低，使用维护方便。1980 年 5 月 23 日，在国务院、中央军委批准下，哈尔滨飞机厂组建了运－11 飞机农业航空服务队。

在具体设计上，运－11 采用双发、上单翼带撑杆、单垂尾、固定式起落架布局。矩形机翼为双梁斜撑杆式结构，翼形 NACA 4412。前缘装有可自动打开的前缘缝翼和同后缘襟翼连动的襟副翼。采用圆角矩形截面机身，舱内布置了四个双人折叠板椅。板椅收起后，可以装货。大小两扇的货舱门在货舱左侧，舱内有八个有机玻璃窗口。采用梯形单垂直尾翼和矩形反弯度翼型水平尾翼。舵面同时采用轴式补偿和角式补偿，便于驾驶。升降舵和方向舵采用布质蒙皮。前、主起落架不可收放，均为支柱式，有油气减震器，适于在简易土跑道或草地上起落。主起落架采用低压轮胎双轮。机翼内共装有四个金属油箱，重力供油，在左右发动机舱内各安装 1 个金属消耗油箱。飞行员采用 Y 柱形结构的盘式双操纵，脚操纵采用前后位置可调整的四联杆机构脚踏板。电动机械混合传动襟翼和副襟翼，舵面由软硬混合式机械传动控制，升降舵和方向舵的调整片采用电动机构传动。冷气系统供发动机启动和主起落架刹车用。电源系统为 2 台 ZF－15 直流发电机和 1 个 12HK－30 蓄电池，交流电通过 GBL－250 单相变流机和 SBL－40、SBL－125 三相变流机供电。机载设备包括各种仪表、GT－1 超短波电台和 WL－7 无线电罗盘等通讯领航设备。可加装装有 1 个粉剂和液剂共用的玻璃钢药箱，容量 1000 千克。1 个容量为 1.4 立方米的尼龙种子料袋，1 个可卸式风动药泵，最大流量为 16 千克/秒。机上装有常量型和超低量型两套喷洒设备。

森林消防飞机

森林消防飞机是专门用于扑灭森林火灾的飞机。第二次世界大战后，美国把大量战时使用的水上飞机改为森林消防飞机，有的至今还在使用。加拿大是一个多森林国家，木材加工工业在国民经济中举足轻重。60 年代初，加拿大航空工业公司研制了专门用于森林灭火的两栖飞机 CL－215，能往返飞行于附近水面和火场之间，在飞行中把水箱吸满，运往火场上空洒水灭火。1969—1990 年期间共交付了 124 架活塞式 CL－215，目前正在研制装两台普惠公司 PW123AF 涡轮螺桨发动机的 CL－415，设备更先进，在掠过水面时只需 12 秒钟即可吸满 1350 加仑（6130 升）的水箱，飞行速度达 375 千米/小时，视水源距火场远近，一次升空，在 1 小时内可向火灾现场投水 20 次以上。

你知道吗

水轰－5 轰炸机也可用于灭火

1987 年 6 月，水轰－5 的森林灭火改型在哈尔滨附近进行了首次灭火试验。水轰－5 飞机先在水库水面以每小时 100 千米的速度滑行，仅几秒钟即将容量达 8 吨的飞机水箱吸满。随后飞机加速滑行 500 米后离水面升空。到达投水地点后，飞机放下襟翼，下降减速，然后打开水箱门，8 吨多水一泄如注，完成了此次投水试验。

我国水轰－5 也可用作森林灭火

航测机

航测机是能执行航空勘测任务的飞机，一般由低速性能好的运输机或其他飞机改装而成，要求飞机爬升性能好、转弯半径小、操纵灵活、低空和超低空性能好。飞机上还应装导航和无线电定位装置，以保证飞机在指定区域作精确扫描飞行。由于任务不同，装备不同的专门探测设备。如果是航空地球物理探矿，则根据采用的不同方法（航空磁法，航空放射法……）装备相应的设备，探测具有磁性的矿藏或有放射性的矿藏。

采用航测机与地面测量相比，具有一系列优点，能克服种种不利地形条件和气象条件的限制，在高寒地区、陡峭山区、原始森林和沼泽湖泊等人员难以到达的地区进行地质调查。使用航测机，速度快、效率高、使用劳动力少，能在短期内取得大面积区域的探测资料。

水上飞机

水上飞机是能在水面上起飞、降落和停泊的飞机，其中有些同时也能在陆上机场起降的，称为两栖飞机。水上飞机分为船身式（即按水面滑行要求设计的特殊形状的机身）或浮筒式（把陆上飞机的起落架换成浮筒）两种。两栖飞机则在船身或浮筒上装可收放的起落架，在水上起降时收上，在陆上起降时放下。

国产 Y－5（运－5）轻型多用途单发双翼运输机水陆两用型

水上飞机在军事上用于侦察、反潜和救援活动；在民用方面可用于运输、森林消防等。水上飞机的主要优点是可在水域辽阔的河、湖、江、海水面上使用，安全性好，地面辅助设施较经济，飞机吨位不受限制；主要缺点是受船体形状限制不适于高速飞机，机身结构重量大，抗浪性要求高，维修不便和制造成本高。

早期，水上飞机和陆上飞机是同时发展的。20 世纪 30 年代水上飞机发展十分迅速，远程和洲际飞行几乎为水机所垄断，还开辟了横越大西洋和太平洋的定期客运航班。例如，德国道尼尔公司 20 年代末研制的 DoX 是当时世界上最大的水上飞机，机翼上方分 6 组背靠背地装 12 台活塞式发动机，最大速度达到 224 千米/小时，1929 年 10 月曾创造一项载 169 名乘客飞行的世界纪录，一直保持了 20 多年。美国联合公司 30 年代研制的 PBY－5 “卡塔林娜” 两栖飞机在二次大战中广泛用作海上巡逻机，生产量达 4000 架，战后改作森林消防飞机。战后水机发展速度放慢，主要代表机种有前苏联的别－10 和日本的 PS－1 水上飞机，后者由于采用了附面层吹除襟翼和喷溅抑制槽技术，具有较高的抗浪能力。中国在轰－5 的基础上研制了水轰－5，能执行反潜任务。

广角镜

中国制造的“海鸥 300”

2010 年 11 月，中航工业石家庄飞机工业公司制造的“海鸥 300”在飞行员的驾驶下平稳地降落在飞机跑道上，这是我国首架具有完全自主知识产权的轻型水陆两栖飞机。据了解，“海鸥 300”飞机目前市场价格定为 400 万元左右，很快会正式投放市场，私人也有望购买。

公务机

公务机是在行政事务和商务活动中用作交通工具的飞行，亦称行政机或商务飞机。

公务机一般为 9 吨以下的小型飞机，可乘 4～10 人；但有的地方把总统、国王、皇室成员专用的要人专机也列入通用航空范围，这时波音 747 这样的大型飞机也可以列入公务机行列了。

公务机大都有两台发动机以提高飞行安全性。高级公务机多采用涡轮风扇发动机，一般装在机身尾部和两侧的短舱内，以降低机舱的噪音。豪华的公务机机舱内有现代通讯设备，供乘用人员办公用，飞行性能与航线飞机差不多。

据最新统计，全世界1991年共有29280架公务机，按营业额统计，世界上最大的10家公务机生产厂家中，美国4家，加拿大两家，法、英、以、意各1家。

军用战斗机

军用战斗机也称歼击机，是用于在空中消灭敌机和其他飞航式空袭兵器的军用飞机。具有火力强、速度快、机动性好等特点，是航空兵空中作战的主要机种，也可用于执行对地攻击任务。第二次世界大战前曾广泛称为驱逐机。战斗机的主要任务是与敌方歼击机进行空战，夺取制空权；其次是拦截敌方轰炸机、强击机和巡航导弹，还可携带一定数量的对地攻击武器，执行对地攻击任务。战斗机还包括要地防空用的截击机。但 20 世纪 60 年代以后，由于雷达、电子设备和武器系统的完善，专用截击机的任务已由歼击机完成，截击机不再发展。

军用飞机的分类

军用飞机的分类，按用途可分为：战斗机（我国称歼击机）、攻击机（我国称强击机）、轰炸机、战斗轰炸机、侦察机、运输机、教练机、预警机、空中加油机、电子战飞机、反潜机等等。

目前西方国家将战斗机分为四代：

第一代：亚声速战斗机——代表机型：美制 F－86、苏制米格－15、中国歼－5 等。

第二代：强调超音速性能的战斗机——代表机型：美制 F－4、苏制米格－21、中国歼－7 等。

第三代：强调多用途的超声速战斗机——代表机型：美制 F－16、F－15、苏制米格－29、苏－27 等。

第三代：强调隐身性能的多用途超声速战斗机——代表机型：美制 F－22、F－35。

在我国战斗机又称为“歼击机”，攻击机称为“强击机”，另从战斗机中分出“截击机”，但现在已很少使用“截击机”这一名称。

我国的国产军用飞机名称一般以其机型分类的第一个字再加上序号构成，如歼击机中有歼－5、歼－6；轰炸机中有轰－5、轰－6 等，我国已装备部队的各种机型名称如下：

歼击机（战斗机）——歼－5、歼－6、歼－7、歼－8、歼－10、歼－11 等；

强击机（攻击机）——强－5 等；

轰炸机——轰－5、轰－6、歼轰－7 等；

水上轰炸机——水轰－5；

教练机——初教－5、初教－6、歼教－5、歼教－6、歼教－7、k－8 等；

运输机——运－5、运－7、运－8、运－11、运－12 等；

直升机——直－5、直－8、直－9、直－11 等。

我国的军用飞机序号一般从 5 开始，以上都是我国已投产的飞机型号，当中缺少序号的如直-6、直-7、运-10等机型表示该机已设计或试制成功，但因种种原因未投产。

基本小知识

歼教-7

歼教-7教练机，是我国在米格21教练型基础上发展的双座高级教练机，由贵州航空工业集团负责研制。1981年起贵州航空集团以歼-7II战斗机为原型开始研制工作，1985年7月首飞，1987年定型。装备部队后用于作为歼-7、歼-8战斗机飞行员的飞行训练。填补了我国没有高级教练机的空白。

在美国空军飞机种类中，攻击机的字母缩写为“A”，轰炸机的字母缩写为“B”，运输机的字母缩写为“C”，电子战机的字母缩写为“E”，战斗机的字母缩写为“F”，直升机的字母缩写为“H”，教练机的字母缩写为“T”，活塞式飞机字母缩写一般为“P”，侦察机字母缩写为“U”等等。

歼击机

亦称战斗机、驱逐机，特点是机动性好，速度快，空战火力强，是航空兵空战和争夺制空权的主要机种。在飞机发明的初期，飞行员是不带武器、飞机上面也没有安装武器。当时，人们主要是利用飞机可以居高临下对地面情况一览无遗的特点，用来进行空中侦察的。敌对双方的飞行员在空中遇到，有时候还会挥挥手向对方致意。后来，有的飞行员就拔出自己随身携带的手枪，向对方飞机开火，从此人们厮杀争斗的战场，就延伸到了原来平静的天空中了。在第一次世介大战初期法国首次把飞机用于战争。而到了第二次世界大战时，飞机已成为主要战斗工具之一，这时的歼击机速度达750千米/小时，高度12000米。在第二次世界大战中比较著名歼击机有：美制P-51、英制“喷火”、苏制拉-7、德国的Me-109和日本的“零”式等等。

从上世纪50年代开始，喷气机基本上取代了活塞式飞机。70年代以来，各国都加紧研制机动性好、格斗能力强的新一代歼击机。如美制F-15B、F-16和法制“幻影”2000等。我国研制了歼-5型、歼-6型、歼-7型、歼-10型等歼击机。

机动性是歼击机的重要性能之一，现代歼击机从M0.9增速到M2.0需3分钟，从海平高度爬高10000米需1.5分钟，低空盘旋最小半径800米，飞机载荷达9，即飞机产生的升力可达到飞机自重的9倍。

拓展阅读

战功赫赫的歼-5

1956年7月19日，中国制造的第一架喷气式战斗机歼-5战斗机在东北某机场腾空而起，这架机身前部印有鲜红的“中0101”字样的银白色歼击机的试飞成功，标志着中国成为当时世界上少数几个能够掌握喷气技术的国家之一。歼-5战斗机一亮相，就在东南沿海击落美制台湾来犯战机8架，其后更为中国的国土防空作战立下了赫赫战功。

歼击机攻击性能也大大提高，配有各种高射速机关炮、空空导弹、空地导弹、各种先进导航、制导电子仪器，命中率极高，而且可以全天候作战。有的飞机可以进行空中加油，加长了续航能力。提高歼击机短距起落性能，进一步减少对机场的依赖。提高电子干扰和反干扰能力，加强歼击战斗力。

著名战斗机/歼击机

第二次世界大战中，苏联涌现出一批优秀的歼击机。直到现在，这些歼击机的鼎鼎大名，仍然令航空迷们的回味无穷。

拉沃契金设计局成立于20世纪30年代中期。当时，在苏联政府发出“采取紧急坚决措施巩固和发展国家的航空工业”的指示后，许多能为航空服务的企业都转向飞机制造业。其中就有一家莫斯科郊外的家具厂也变成了有编号的国防企业。当时的苏联国防工业人民委员会于1937年6月1日颁发第

0121号命令，命名该厂为301航空工厂。工厂利用部分专业加工设备，由人数较少但技术水平较高的工人和飞机工程师组成了一个航空试验设计局，开始根据别人的（国内的和国外的）设计图纸，小批量生产木质结构的飞机。

拉式战斗机

在拉沃契金、戈尔布诺夫和古德科夫三人被任命为设计局的领导之后，301工厂照搬别人图纸的生产即告结束。由于他们三人的创造性劳动，工厂变成了全新的航空企业，按照自己的设计图，生产自己的航空产品。1939年，设计师们提出了自己的高速歼击机设计方案LaGG－3。在进行样机的国家飞行试验时，LaGG－3达到了使用同类发动机的歼击机的最高飞行速度605千米/小时，因而投入了批量生产。飞机为全木质结构，机翼内装有燃料箱，五点式火力配备。到卫国战争开始时，苏空军已经装备了300多架这种飞机。卫国战争中的空战实践，为设计局指明了设计方向，即必须使用功率更大的航空发动机并改进飞机的气动结构形式。这时，设计局的领导只剩下拉沃契金一人。他在不停止生产前线必需的飞机的同时，开始转产新型飞机。1942年9月，La－5新型歼击机非常有效地参加了斯大林格勒保卫战。在库尔斯克前线的空战中，La－5飞机大大优于Me 109和Fw 190型德国飞机。1944年装备部队的La－7型飞机堪称第二次世界大战中最好的歼击机之一。在第二次世界大战期间，工厂先后向前线提供了22000架拉型飞机，即当时苏联空军每三架

广角镜

航空机关炮

航空机关炮是安装在歼击机上的口径在20毫米以上的自动射击武器。简称航炮。口径多为20～30毫米，最大射程约2000米。同地面火炮相比，射速高，结构紧凑，重量轻。航炮可分为单管式、转膛式和多管旋转式。

歼击机中就有一架是拉沃契金设计局的飞机。为此，总设计师拉沃契金和设计局联合体全体人员受到苏联政府重奖。

LaGG－1/LaGG－3 战斗机

LaGG－3 是由拉沃契金率领 V. 戈尔布诺夫和 M. 古德科夫所组成的小组由 LaGG－1 发展而来的，而 LaGG－1 的原型机（当时称作 I－22）则在 1939 年 3 月 30 日第一次试飞。这些飞机不寻常的地方在于全机都是用木头造的，机身蒙皮是西伯利亚桦木胶合板；机翼是木质两段式结构。所有活动翼面均为金属构架以布质蒙皮。有充惰性气体的自封油箱。1600 千米/时的最大速度以及一门 20 毫米机炮、两挺

拉式战斗机

12.7 毫米机枪的火力堪称是 1941 年初世界优秀的战机之一。LaGG－3 使用 1240 马力（925 千瓦）M－105PF 直列式发动机，性能有所提高。在德军进攻苏联时仍有两个航空团在使用老式 LaGG－1 战机，但在一年内便已有四个航空团配备了 LaGG－3。他们的任务为对地攻击的 IL－2 护航，除了机身的机枪（炮）外，还有在翼下发射的 6 枚 8.2 厘米火箭弹或轻型炸弹。LaGG－3 装有一具定速螺旋桨以及较易平衡的尾舵，在前线是十分普遍的机种。但是由于在野外机场液冷式的克里莫夫 M－105PF 发动机操作困难，于是拉沃契金决定换装空冷星型发动机。

La－5/La－7 战斗机

在苏军从德军 1941 年的进攻中恢复以后要求先进装备的呼声越来越大。拉沃契金开始设计使用 1600 马力（1194 千瓦）M－82 气冷星型发动机的

La－5，最直接的改进便是将座舱后的机背削去一块以改善视野的La－5。在大战结束前包含后来的La－7在内总共生产了21975架。La－5第一次大量加入战局是在1942年11月的斯大林格勒之战，此种战机为低/中空战机，而在1943年7月库尔斯克的坦克大战中La－5机群扮演着坦克杀手的角色。盟军击坠数最高的战斗机飞行员伊万·阔日杜布于1943年3月26日至1945年4月19日之间所击落的62架敌机全都是在LaG－5、La－5FN以及La－7中所完成的。

米格飞机设计局和著名的米格飞机

谈起俄罗斯著名的米格飞机设计局，航空爱好者们决不会陌生，因为几乎自第二次世界大战以来所有的空战中，都有这个以米高杨和格列维奇名字命名的飞机设计局的产品参与。

米格家族的第一个成员是米格－1战斗机，在投入批量生产之前该机研制代号为I－200，为了能够更好地完成该计划，苏联当局决定成立一个由米高扬领导的新设计局。

拓展阅读

“米格”名称的由来

“米格”这个名称最早起源于1937年苏联的两个飞机设计师。他们一个名叫“米高扬”，另一个名叫“格列维奇”。1937年，米高扬调到苏联的一个歼击机研究设计室工作，在这里他认识了沉着稳健的格列维奇。很快他们就成为一对理想的合作伙伴。他们两个人姓氏的开头字合起来便是“米格”。闻名世界的“米格”这个飞机名称就这样诞生了。

I－200采用了混合结构，前机身由空心桁架焊接而成，采用硬铝蒙皮。AM－35A发动机在海平面高度时功率1350马力（1马力约为735瓦），在6000米高空时功率为1200马力。机身两侧分布两个水冷散热器，座舱下有一个油散热器。座舱的基本结构由空心桁架焊接而成，

I－200（米格－1）战斗机

并通过三个螺栓固定在机身上。飞机的后机身是由松木翼梁和胶合板构成的木制硬壳式结构。

1940 年 10 月，正当 I－200 还在进行改进工作时，第一批 25 架预生产型已经建造完毕。由于当地天气恶劣，这批飞机不得不被送往驻扎在埃夫帕特利亚的第 146 战斗机团进行适应性飞行。苏联空军科学研究院的老牌试飞员 S. 萨普伦以及来自第一飞机厂的工程师尼吉特申科和试飞员 A. 卡莱夫参加了参加了在第 146 战斗机团的试飞。试飞证明了 I－200 是一种高性能战斗机，1940 年 12 月，I－200 被正式命名为米格－1 战斗机。就此，米格战斗机揭开了自己辉煌历史的第一页。

英国“喷火”式战斗机

第二次世界大战全面爆发后，为了应付德国空军日益严重的威胁，英国航空部需要一种新型的截击机。当时，皇家空军最快的截击机时速在 350 千米左右，而为了拦截德国正在研制的新型飞机，截击机的时速至少要达到 480 千米。“喷火”的诞生就源于此。

英国“喷火”式战斗机

最初，新战斗机的武器是机翼上的 4 挺机枪，后来，为了保证在一次标准的 3 秒点射中造成致命的杀伤，机枪的数目增加到了 8 挺。“喷火”的新式结构，特别是那革命性的机翼结构，在批量生产时带来了无数麻烦。而得益于简单的结构，“喷火”的竞争对手——“飓风”的产量则要高得多。直到1938年年中，“喷火”才开始批量生产并交付皇家空军。

19中队的另一架“喷火”Mk I，看来敞开式座舱的魅力的确难以抵挡

现在听起来或许有些令人难以置信，在装备了“喷火”式后，很多飞行员居然感到新飞机难以适应——那些习惯了开放式座舱的飞行员觉得封闭式的座舱会引起幽闭症，于是他们总是大开着舱盖。此外，这些飞行员一开始还不熟悉可收放式的起落架，他们常常在降落时忘记放下机轮，引发了无数事故。其实飞机上已经配备了警告喇叭，但由于这个喇叭在飞机震动比较剧烈的时候会自动鸣响，飞行员总是把它给关掉。在跑道上滑行时，为了越过长长的机鼻看到前方，飞行员要把机尾摆来摆去走之字形路线。较小的轮距加上有点脆弱的起落架，使“喷火”在横风降落时有些危险。不过，总的来说，一个水平中等、接受过全面训练的战斗机飞行员就可以安全地驾驶它。新飞行员飞“喷火”前先要在“教师”和“校长”教练机完成基础训练，并在作战训练分队进行短期的轮值，经验丰富的飞行员则直接在中队进行换装。

广角镜

“英国的救星”“喷火”式战斗机

1940年9月15日，300架“喷火”式战斗机和另一批“飓风”式战斗机，仅在短短的20分钟内一举击溃德国的轰炸机大编队，此次战斗直接导致希特勒“海狮计划”的破产。“喷火”式战斗机因此而获得“英国的救星”的美称。

飓风式战斗机

飓风式战斗机也是第二次世界大战中闻名遐迩的战斗机。它的名气，首先出在曾惨败给诞生于同一时间的对手，接着又因战功赫赫而名声大噪。20世纪20年代英国空军一份报告提出：时速超过300千米的战斗机很难编队飞行，也不能作剧烈的机动动作，因为过载会大得令飞行员无法忍受。再加上“单翼机不安全”的著名研究报告，令英国空军的首脑人物一直对单翼战斗机持怀疑态度。

但霍克飞机公司的肯姆爵士富有远见地坚持设计单翼战斗机，并争得军方的采纳。在设计过程中，肯姆爵士把飓风战斗机原计划采用的苍鹰发动机和固定式起落架改为马力更大的灰背隼PV12发动机和收放式起落架，并将作为主要武备的4挺机枪增进至8挺。此外，飓风还采用了许多当时属十分先进的技术，如流线型的机身，前半部覆以全金属蒙皮。密封式座舱盖向后滑动打开，方便飞行员跳伞时的紧急脱离。首架飓风式战斗机在1935年11月试飞成功。

飓风原型机，特征是两叶螺旋桨

在1940年8月的不列颠空战中，人们的注意力都被性能更好，足以和梅塞施密特109匹敌的喷火式战斗机所吸引，因此飓风式战斗机的功绩往往被忽视。实际上当时英空军中飓风式战斗机共有32个中队，而喷火式只有19个中队，飓风式仍然是英军战斗机部队的主力。

当喷火式与德军护航的梅塞施密特109纠缠时，飓风式则乘虚攻击笨重的德军梅塞施密特110双引擎战斗机和轰炸机。纵观整个不列颠空战战役，飓风式击落的敌机比英军其他任何一种战斗机都多，功不可没。

之后，飓风式主要用作战斗轰炸机使用，猎杀法国境内的地面目标。在北非，飓风式装上 40 毫米机炮，专门攻击隆美尔率领的非洲军团的坦克，也取得了显赫战绩。

知识小链接

隆美尔

隆美尔（1891—1944）是第二次世界大战中德国最负盛名的将领，也是希特勒最为宠爱的将领，有“沙漠之狐”之称。在第二次世界大战的璀璨将星中，能做到生前显赫，死后殊荣不断，特别是被敌对双方都认可的，唯有隆美尔一人。对其的评价也渐渐趋于两极化，支持的人将其称为德国的战神，反对的人根据其曾犯下的战略错误称之为“战术上的巨人，战略上的矮子”。

从 1941 年开始，英国海上运输船队频频遭到德国“U”型潜艇和 Fw－200 远程轰炸机的袭击，为保护性命攸关的海上运输线，英军把飓风做一些改动后成为“海飓风”配置在匆忙加装弹射装置的商船上。执行战斗任务时，将海飓风用弹射装置弹射出去；完成任务后再迫降在海面上，由其他船只设法把飞行员救起。后来才对海飓风再加以改进配备于英海军的航空母舰上。在 1942 年 8 月护送赴马耳他岛船队的战斗中，70 架海飓风迎战总数超过 600 架的轴心国机群，取得击落 39 架而自己只损失 7 架的出色战果。

至大战结束，英国和加拿大共生产了 14231 架飓风式战斗机，有 2952 架依租借法案输往苏联，但其中相当一部分损失于海上运输途中。

无畏式战斗机

提到飓风，就不能不提一下与它甚有渊源的“远房兄弟”——无畏式战斗机。20 世纪 30 年代后期，单翼机和动力操作炮塔成了飞机设计上两股非常

无畏式战斗机，与飓风相比，更像一种对地攻击机

时髦的潮流。在英国空军的要求下，以研制飞机枪炮而闻名的波尔敦·保罗公司设计出这型一改传统的“无畏”式战斗机。它唯一的火力配置是装在驾驶舱后方的一个液压驱动炮塔，其上装有4挺7.7毫米机枪，由坐在炮塔里的射击手用手柄操纵，火力范围覆盖整个上半球。该机于1937年8月试飞成功，至1940年已组建一个中队。

1940年5月，派驻法国的无畏式战斗机开始与德军战机发生空战。因为无畏式的外形与飓风式十分相似，德军战斗机按惯例从英机尾部进入攻击。谁知这正是无畏式最好施展火力的方位，当德军飞行员为即将到口的猎物而暗自欣喜的时候，突然遭到四挺机枪的迎头痛击。这着“拖刀计”使得颇为成功，在头3个星期里无畏式共击落了65架德军飞机。但很快德军就发现上当了，立刻改用新的攻击方法，从无畏式的后下方进入，这正是它的火力死角。背负两名飞行员和一个沉重的炮塔，令无畏式的机动性极差，无法与梅塞施密特-109对抗。经历了惨重的损失后，无畏式不再在昼间升空，与德军战斗机正面交锋，而改作夜间战斗机，截击趁黑轰炸伦敦的德国轰炸机。这下它又能发挥自己的特长，悄悄地飞到轰炸机的腹部，突然用4挺机枪给它来个开膛破肚。

无畏侧面图

多面杀手——蚊式战斗机

"蚊"式飞机，是英国德·哈维兰公司研制的一种全本质结构的作战飞机。它与"喷火"、"飓风"和"兰开斯特"并称为英国二战期间的四大名机。在这四大名机当中，"喷火"和"飓风"是标准的战斗机，"兰开斯特"是典型的轰炸机，它们都是单一用途飞机。而"蚊"式飞机既可用于空战，又可用于对地轰炸，还能遂行航空侦察等多项任务，因此被称为"空中多面杀手"。

基本小知识

"兰开斯特"轰炸机

"兰开斯特"是第二次世界大战中英国空军轰炸机的主战机种，累计出击156192架次，雄居全英之首！累计投弹608612吨，占英国空军战时总投弹量的三分之二。1943年5月"兰开斯特"担负了第二次世界大战中最为著名的一次攻击行动。5月16至17日夜间，"兰开斯特"执行了代号为"惩罚行动"的飞行任务——攻击德国工业中心周围的水坝，进而衰减德国的军事工业生产。

"蚊"式飞机设计构思奇巧，性能优良，曾被大量生产并参加过许多重要战事。它不仅击落过大量的德机，而且轰炸过许多重要军事目标，为反法西斯战争胜利做出了卓越贡献。它虽出身名门，却险些夭折；虽是木质结构，却能耐非凡。它采用上单翼，机翼靠前配置，其前缘平直，后缘前掠，平面形状呈梯形。两台发动机被安置在两翼内侧，发动机之间的机翼前缘向前延伸。机头呈半纺锤形，后机身呈细长锥体，垂直尾翼和水平尾翼组成倒T形状。该机外形特征颇像蚊子，因此获得了"蚊"式飞机的绰号。

20世纪30年代后期，作战飞机向全金属半硬壳结构方向发展，成为一种趋势。而"蚊"式飞机却采用了与众不同的木质硬壳结构，给人一种感觉这似乎是历史的倒退，然而这恰恰是“蚊”式飞机在设计上的奇巧之处。

“蚊”式飞机的机体材料主要是枞木和云杉，机身前部外壳用较厚的层板制成，内有木质的加强件和金属连接件。座舱后面的细长机身看起来很脆弱，似乎容易被折断，但德·哈维兰巧妙地在其中加了一层特殊的夹心材料，即在两层层板之间充填了一种称为巴尔沙木的松软木料，从而使后机身成为一段具有足够抗扭强度的夹心结构。这种夹心结构可以看作是现代飞机蜂窝夹层结构的雏形。“蚊”式飞机的机翼也是全木质结构。翼梁为盒形结构，翼肋由木质构架与层板组合而成。上翼面是夹层蒙皮，下翼面是层板蒙皮。两翼前方有安装发动机的固定架，机翼内能容纳 8 个燃料箱。木质襟翼由液压系统传动，只有副翼是金属结构。方向舵上装有自动偏转器，由作动筒驱动。

“蚊”式飞机的技战术性能，在当时是属于一流的。机载武器为 4 门 20 毫米机炮和 4 挺 12.7 毫米机枪，另可携带 907 千克炸弹。直到今天，不少飞机设计师仍把“蚊”式飞机，视为木质硬壳结构飞机的经典之作。实战证明，“蚊”式飞机虽为木质结构，但战场生存能力比较强。其最大优点是单发性能较好，即使一台发动机损坏，仍然可以利用另一台发动机返航。

蚊式战斗机模型

由于“蚊”式飞机既可用于轰炸，又可用于空中歼击，因此历史上曾有人将其称为战斗轰炸机。如果是这样的话，它应该是世界上第一架战斗轰炸机；至少它是现代战斗轰炸机的雏形。由此不难看出，“蚊”式飞机为后来作战飞机的发展，确实起到了相当大的影响和作用。

我人民空军建军初期也装备有“蚊”式战斗机，为共和国初期的防空作战做出了巨大贡献。

美国战斗机 P－36 和 P－40

线条优美的 P－40 战斗机的历史可以一直追溯到 1934 年出现的 P－36 战斗机。

1934 年 11 月，寇蒂斯公司开始着手设计一种悬臂式下单翼，向后收放的起落架和全金属应力蒙皮结构的战斗机，寇蒂斯称其为鹰式。在通过陆航队的测试之后，便以 P－36 的编号投产，成为当时速度最快的美国战斗机。它的外销型霍克－75 大量销往中国、法国、英国、芬兰。二战初期相当活跃，当时的中国空军英雄高志航等就是驾驶战斗机等飞机与侵华日军飞机搏击，严厉打击了侵华日军飞机的嚣张气焰，捍卫了祖国领空。其中英国空军称这种飞机为“莫霍克”。

修改过的 XP－40，扩大了机头散热器，并取消了腹部散热器

虽然 P－40 不是当时美国最先进的飞机，但可以较快地投产，价格也相当便宜。而洛克希德飞机公司和贝尔飞机公司的 P－38 和 P－39 直至 1941 年才能投入批量生产；而共和公司的 P－43 虽然有与 P－35 相似的机体，但必须等到工厂扩建后才能投入生产。为了满足法国的霍克－75 订货，寇蒂斯公司的工厂已经扩建过，因此在 1940—1942 年间，寇蒂斯生产了美国战斗机中的大部分。P－40 飞机基于已经批量生产的、经过实战考验的 P－36 机体，所以价格低、交货快。当其他任何一种飞机交付 5 架时，它可能已经交付了 500 架。另一方面，洛克希德的 P－38 战斗机比同时期的美国战斗机、甚至英国的“喷火”战斗机都要先进得多，但要经历 4 年的时间后，才能真正担负战斗任务。所以，P－40 成为美国唯一能大量装备的主力战斗机。

陆航在 1939 年 4 月 27 日订购了生产型的 P－40，绰号定为“战鹰”。首

飞虎队涂装的 P－40E

架 P－40 于 1940 年 5 月出现，装一台 V－1710－33（艾利森 C－15）发动机。它与 XP－40 的区别是：在机头上部有个很长的汽化器进气口，并且排气管、散热器和起落架做了一些改动。最初的 200 架 P－40，只有两挺 12.7 毫米协调式机枪，在 4570 米高度上的速度为 573 千米/小时。

另外英国移交给中国的 100 架 P－40C（战斧），被部署在中国云南，并由著名的飞虎队用于抗击日本，由于战术得当，所取得的战绩比当时在菲律宾作战的美国陆军航空队要好得多。

知识小链接

飞虎队

飞虎队，正式名称为美籍志愿大队（简称 AVG），又称中国空军美国志愿援华航空队，在中国、缅甸等地对日作战。其创始人是美国飞行教官陈纳德。1941 年，陈纳德接受国民政府的委托，前往美国招募飞行员，1941 年 7 月中旬，陈纳德回到中国时，已有 68 架飞机、110 名飞行员、150 名机械师和其他一些后勤人员到达中国。

F4F 野猫式舰载战斗机

太平洋战争前期，美国海军不得不以在速度和灵活性皆处于劣势的 F－2A 水牛和 F－4F 野猫对抗日军的零式战斗机。F－4F 野猫是战前由格鲁曼飞机厂研制成功的美国海军第一代全金属单翼飞机，并成为后来久享盛名的“猫”

族海军飞机的第一种型号。当1943年被F-6F泼妇取代时，F-4F继续被轻型航空母舰使用直到战争结束。这种短粗的小飞机是美国海军在战争头一年的主要战斗机。野猫式战斗机随同航母编队转战珊瑚海、中途岛、所罗门群岛等战场，为海军立下了汗马功劳。

尽管F-4F不是零式战机的对手，但生存能力还是较强的。由于它坚固的结构和质量，使飞行员在危机中往往能安然逃脱。

F4U 海盗式舰载战斗机

作为第二次世界大战中最杰出的舰载战斗机，F-4U“海盗”已经成了传奇（晚期机型参加了朝鲜战争，是当时海航最快的飞机）。由于弯曲的鸥型翼和高杀伤率，它被日本人称为“死亡的口哨”。“海盗”是美国第一种超过400千米/小时的战斗机，作为美国海军的第一线作战飞机，它比F-4F“野猫”有更好的表现。不幸的，因为它的“长鼻子”限制了飞行员的能见度（尤其是在起飞和降落时），它被海军指挥官认为不适合在航母上作业。根据惯例，当海军认为自己的飞机不是那么好时，它们就给海军陆战队。“海盗”被限制在陆基飞行，为海军陆战队提供空中支援。海军陆战队非常高兴有热门的新式战机替换老旧的“野猫”。不久之后，“海盗”也对所有人证明它的能力。在第二次世界大战的晚期，“海盗”做了一系列的改进使其能在航母上安全着陆。“曲翼鸟”在最后的几个月中，帮助阻截了大量的神风战斗机。

F-4U战斗机加速性能好，火力强大，爬升快，坚固耐用，机型凶猛粗犷，总体性能超过著名的日本零式战斗机，是第二次世界大战初期美国空军的主力。F-4U战机翼展12.47米，机长10.16米，机高4.6米，起飞重量6350千克，最大平飞速度684千米/小时（高度6100米），升限11280米，航程1635千米，爬升率867米/分。装6挺12.7MM机枪，可挂装两枚450千克炸弹或8枚火箭。

F-6F“泼妇”战斗机

F-6F成为格鲁曼“猫”族飞机之第二代（第一代为F-4F“野猫”）。许多美国海军飞行员都称“泼妇”（也称地狱猫）为“铝坦克”。6挺0.50英寸（约为1.27厘米）勃朗宁M2机枪，当进行暴风雨般攻击的时候，没有日本飞机能够逃脱被摧毁的命运。战后，日本飞行员谈到他们战时的恐惧与绝望的时候，总是会提起“泼妇”。

另一方面，“泼妇”可以经得住重创并仍能把飞行员带回航母。飞行员经常的口头禅是“这是一种多孔的飞机”和“通过孔洞的空气比通过飞机周围的多”。曾经有一架“泼妇”在着陆到航母以前已经燃烧了数百英里（1英里约为1.6千米）。海军第一王牌，戴维·麦克坎贝尔曾经说，他曾经看见“双黄蜂”发动机里的活塞和联动装置到处乱飞的“泼妇”仍能够飞回航母。

拓展阅读

威力无比的F-6F

F-6F在1943年9月1日首次出战，由独立号航空母舰起飞，击落了日军一架二式大艇。11月11日，F-6F与F-4U的混合编队在拉包尔上空与日本战斗机队进行了猛烈战斗，击落了接近50架敌机。11月23与24日，F-6F又在塔拉瓦环礁上空击落了30架零式战斗机，而F6F仅损失1架。F-6F也孕育了最多的王牌飞行员，总共306位。

英国海军型F6F——恶妇Mk. I

一开始，英国海军的F6F-3被重编型号为塘鹅Mk. I，装备给英国海军800舰载战斗机中队，后又改称为“恶妇”Mk. I，F6F-5则是恶妇Mk. II。

恶妇 Mk. I 与标准的 F6F－3 并无二致，恶妇 Mk. II 在 F6F－5 基础上改进了发动机注水加力装置、重新设计了发动机导流罩和副翼、加强了座舱装甲，并抛光机身蒙皮。这样恶妇 Mk. II 的最大速度和机动性比 F6F－5 稍好，最大速度达到 644 千米/小时。英国海军也获得过 70 架 F6F－5 夜战型，重编号为恶妇 NF. MkII。

英国海军的 Hellcat MK. I

F6F 可以说是针对零式研制的一种空中优势战斗机，在珍珠港事件后格鲁曼重新审视了以往的空战概念。他们发现零式虽然发动机马力不大，但是翼载极低，机身很轻，所以机动性很好。格鲁曼也在 F6F 中引入了低翼载轻机身的概念，在减轻结构重量上大下工夫，翼面积达到 31 平方米。翼面积的增大势必会增加阻力，所以格鲁曼为 XF6F－3 安装了普惠公司著名的“大黄蜂” R2800－10 发动机。这种发动机除了功率大外，另外带来的好处是体积较小，使座舱到机头有 3 度的下倾角，这对于舰载战斗机来说，良好的前下方视野特别利于舰上起降，钱斯·沃特公司的 F4U 海盗、F6F 的竞争者，由于座舱位于机身后部，着舰时飞行员看不到前下方，初装备时发生过几起着舰事故。于是海军将这种战斗机转交给海军陆战队在陆上机场使用，F6F 成为了当时美军的航母标准舰载机。

为了进一步降低阻力，F6F 机身蒙皮使用平头铆钉铆接，机身外表光洁，英国使用的恶妇 Mk. II（F6F－5）甚至进一步进行了蒙皮抛光。这样这种低翼载大马力的战斗机理所当然地获得了极佳的机动性，美国依托强大的航空工业迅速获得了对付日本零式战斗机的利器。

某日的黄昏，一个恶妇编队巡逻至关岛附近，发现日本占领的关岛奥若特机场上空有 49 架日本舰载机盘旋进入着陆航线。他们跟在这些飞机后并未被发现，并将其中的 30 架逐个击落，剩下 19 架也被击毁在跑道上。另一次是一位恶妇飞行员将他的副油箱准确地投在一架零式上，将其“砸落”。

日本飞行员一开始以为这只不过是 F4F 的一种改进型，但吃过苦头后他们发现这是一种全新的、比零式更优秀的美国战斗机。F6F 的座舱装甲和自密封油箱使它能经受住零式 7.7 毫米机枪弹丸的射击，与零式相比，F6F 在速度、火力、垂直机动上占优，续航力、盘旋性能处于劣势。零式占优的地方在于小半径转弯与盘旋，零式被恶妇追尾后常使用小半径跟斗摆脱，有时还能反咬住恶妇。在 3000 米以下零式略占优势，但在 5000 米以上零式动作变得僵硬，成为恶妇的活靶子。战争后期，F6F－5 已经能够切入正在急转的后期型零式内圈，一方面与 F6F－5 的机动性改进有关，另一方面也与后期型零式追求提高速度而机动性下降有关。

1944 年 6 月，美国进攻日军在太平洋上的据点：马里亚纳群岛。6 月 19 日，太平洋战争中最大的空战爆发了，F6F 与数种日本飞机展开激战。打退了日本战斗机和轰炸机的四次连续进攻，美机损失 26 架，日机则损失 336 架。此役就是“马里亚纳猎火鸡”之战。

1945 年，战争的最后几个月，日本海军已经荡然无存，无所事事的 F6F 机队通常只能执行一些武装侦察/搜索任务。在这些任务中，F6F 通常在机腹下挂载 1 枚 900 千克炸弹或在机翼下挂载 6 枚火箭弹，一旦发现日本的军舰、商船，就给予无情地打击。

在第二次世界大战众多战斗机中，F6F 恶妇创造了一项不可能超过的纪录：在不到两年的时间内，共击落 5155 架敌机，占美国海军和海军陆战队飞行员击落的 6477 架敌机中的 80%。

P－51 野马战斗机

P－51 野马战斗机是第二次世界大战中盟军最优秀的战斗机之一，也是盟军制空权的象征，击落了 4950 架敌机，占美国陆军航空兵在欧洲上空击落总数的 48.9%，并击毁了 4131 个地面目标，另外还击落了超过 230 枚 V－1 飞弹，甚至还击落了德国空军最精锐的喷气式战斗机。战争中美国总计生产了 15575 架的野马，仅次于 P－47 雷电，另外澳大利亚按许可证生产了 100 架。

由于生产数量的庞大以及卓越的设计，野马战后在一些国家一直服役到20世纪80年代，并且民间至今还保有150余架能飞的野马，使我们还能不时看到这种“二战名机”的身影。

野马采用了一种特殊的NACA层流翼型，最大厚度位置比普通翼型靠后，通常在弦长的50%而不是通常的20%。翼剖面曲度很小，上下几乎对称。这种翼型更加“光滑”，高速时比传统机翼的气动阻力更小，但在低速时升力也更小，所以NA－73X必须安装大而强力的襟翼保持较低的着陆速度。

广角镜

P－51的由来

1940年4月，英国向北美航空公司购求P－40飞机。该公司认为这种飞机已经落后，不愿生产，建议以同样的发动机设计出一种更好的飞机，并许诺在120天内拿出试验机供英国选择。这种新飞机就是后来著名的P－51“野马”式。它由曾在德国梅塞施密特公司工作过的工程师雷金纳德·里斯和埃德加·施密特设计。

德国梅塞施密特Me 109战斗机

梅塞施密特Me 109战斗机是第二次世界大战中最著名的战斗机之一，也是德国生产数量最大的战斗机和型号最多的战斗机。从1935年试飞到1967年正式退役，它成功地证明自己可以胜任所有可能的使命，不管是截击、支援、夜间战斗、或是侦察、护航、地面攻击，梅塞施密特Me 109是第二次世界大战德国空军的支柱。

设计Me 109时，用到了许多在当时最新、最先进或者说最前卫的技术，包括下单翼，全金属蒙皮，窄机身，可回收起落架，封闭式座舱等等。这些技术已经分别在别的机型上得到了验证，但从未被集中起来运用过，结合使用的后果并非一加一等于二那么简单。毫无疑问的，梅塞施密特冒着极大的风险，更确切地说，是孤注一掷。与后来的辉煌战绩相比，谁能想到，梅塞施密特109问世的时候，根本就是一种没人要的战斗机。

Fw 190 战斗机

Fw 190 是第二次世界大战期间最好的战斗机之一。它达到了一个新的水平，直到战争结束都是其他竞争对手追逐的对象。Fw 190 所有型号总产量高达 20000 架以上，因此成为决定德国空军战斗力和作战效率的一个重要因素。

Fw 190V1 的风洞模型

Ba 349 “蝮蛇”——纳粹德国的终极截击机

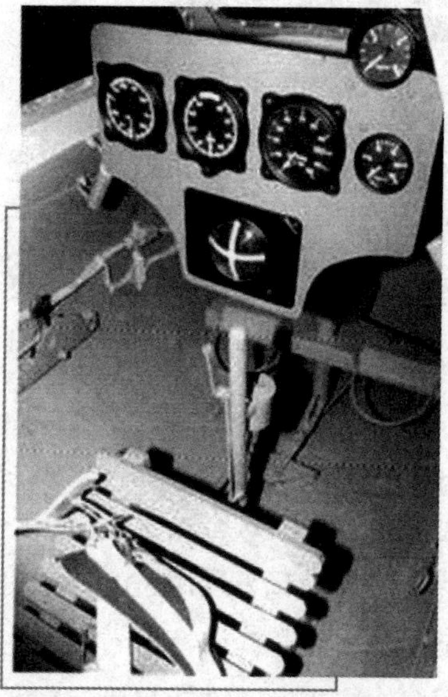

Ba 349 简单的仪表

1944 年春，盟军开始对德国本土实施纵深轰炸，德国各大工业城市均不能幸免。更糟的是，面对数以千计的 B－17 轰炸机及其性能优异的护航战斗机 P－51，德军的活塞式战斗机显得越来越力不从心了，除了继续研发喷气式战斗机，德军急需一种更高效而廉价的截击机。德国航空部的要求是操作简单、廉价、且能在发现轰炸机群后起飞，并能在轰炸机达到轰炸目标前进行截击，看来只有火箭推进的飞机能够做到。不久 BP20 得到了航空部的编号 Ba 349，并得到了绰号：Natter（意为蝮蛇）。

Ba 349 很快就生产出来，因为当时金属材料十分匮乏，加之为了提高机动性，机体绝大部分为木质结构，但驾驶舱仍有装甲保护。其机身为圆柱形，短而平直的机翼上没有任何操纵面，而全都在呈十字形的尾翼上（所以称它为火箭也许更适合）。Ba 349 使用一台赫尔穆特·瓦尔特公司的瓦尔特 HWK109－509A 液体燃料火箭发动机（Me 163 也使用相同的引擎），其燃料箱位于机身中部：分别为 T 燃料箱（过氧化氢和稳定剂）和 C 燃料箱（肼/甲烷的水合物），这两种燃料一旦混合就会自燃，加之有很强的腐蚀性，所以必须十分小心。为了增加起飞速度，Ba 349 还使用了 4 个斯密丁 533 固体助推火箭，这使 Ba 349 能在 60 秒内达到 11000 米的高度。武器方面，原计划装备两门 30 毫米 Mk108 航炮，但很显然，德国人也知道 Ba 349 的性能远不及盟军的护航战斗机，所以只装备了威力强大的火箭弹，以便更有效地对付盟军的轰炸机。

知识小链接

火箭弹

火箭弹是靠火箭发动机推进的非制导弹药。主要用于杀伤、压制敌方有生力量，破坏工事及武器装备等。按对目标的毁伤作用分为杀伤、爆破、破甲、碎甲、燃烧等火箭弹；按飞行稳定方式分为尾翼式火箭弹和涡轮式火箭弹。火箭弹通常由战斗部、火箭发动机和稳定装置三部分组成。

Ba 349 在发射前要竖起 24 米高的发射架，翼尖和腹翼被固定在导轨上以便控制发射姿态。飞机的操纵系统和可操纵面在发射时将被锁住，直到 10 秒后助推火箭烧完并被爆炸螺栓炸离机身。这时操纵系统被打开，地面通过无线电控制飞机爬升，当然飞行员可以随时接管控制权。Ba 349 爬升到接近 10000 米时，飞行员控制飞机下降并接近敌方的轰炸机编队（美军一般在 6200～9400 米的高度接近轰炸目标），当距离轰炸机 1.6～3.2 千米时，飞行员抛开机头锥，齐射 24 发亨舍尔 Hs217“焚风”式火箭。由于燃料也快用完了，Ba 349 下降到 1400 米，飞行员使用爆炸螺栓将飞机从机身中部的连接部炸断，带有发动机的后部机身通过自动打开的降落伞安全降落地面，这样最为宝贵的发动机就可以再次利用。而飞行员则须等一会儿才能爬出座舱，以免被尾翼击中，飞行员打开自己的降落伞，前部机身则被抛弃。

慕尼黑博物馆的 Ba 349A－1 复制品

Ba 349 总共生产了 36 架，包括 3 架 B 型（换装了推力更大，续航时间更长的瓦尔特 HWK109－509C 型发动机，使用两组固体火箭助推器替换了 4 个斯密丁 533 固体助推火箭）。Ba 349 共进行了 25 次发射，包括 7 次载人发射。

1945 年 4 月，10 架 Ba 349A 早期型蝮蛇被部署在斯图加特附近，等待盟军的空袭。但由于盟军地面部队的逼近，德军不得不在这些截击机被虏获之前将其摧毁。

但盟军仍至少发现了 3 架蝮蛇。其中 1 架被苏军得到，另两架（包括一架 Ba 349B）于 1946 年运到美国，A 型在加州的莫洛克陆军基地（现在的爱德华空军基地）进行了发射，但在发射后 3 分钟就在空中爆炸，残骸落在拉斯维加斯附近的一架杂货店里。B 型则被运到印第安纳州的福里曼试验场解剖，1949 年美国航空博物馆接收了这架蝮蛇。另一架现存的蝮蛇是 A 型，在慕尼黑的德意志博物馆。

Ba 349 之所以采用空中解体的回收方式，主要是为了节省燃料，并适应“全民”作战的需要。当时的“老鸟”已经是十分稀有，当然不可能派他们去驾驶如此危险的截击机。党卫军希望让大批只受过最基本训练的“菜鸟”飞行员来驾驶 Ba 349，起飞和着陆自然是最棘手的部分，Ba 349 正因为不需要起飞和着陆的技术，而受到党卫军的青睐。但让“菜鸟”来驾驶 Ba 349 看来并不是明智的做法，这种几乎是自杀的做法甚至还不如神风特攻队。

日本三菱 A6M 零战

撇开政治和情感因素来看，三菱 A6M 零战是太平洋战争初期最好的舰载战斗机。它是第一种性能全面超过陆基战斗机的海军舰载飞机。在珍珠港事件后的 6 个月中，零战在与盟军的陆海基战斗机的作战中取得了令人炫目的战绩，它优异的机动性和杰出的续航能力是战争初期的制胜法宝。

第二次世界大战中零战参加了日海军的所有主要行动，从珍珠港到 B－29 轰炸日本本土，生产一直持续到战争结束。三菱和中岛公司一共生产了 10449 架，是所有日本战机中生产数量最多的。

零式战斗机的“零”代表日本纪年 2600 年。

1937 年 10 月，日本海军参考了在中国战场的实战报告后，发布了规格书的修订版：要求最大时速超过 500 千米，航程 3000 千米，能在 3 分 30 秒内爬升至 3000 米高空，机动性不低于 96 式，武器要求装有 20 毫米机炮两门、7.7 毫米机枪两挺；另外必须装备一套完整的无线电设备，其中包括一具无线电测向仪。

1940 年 8 月 19 日，12 架 A6M2 首次参战，为 50 架轰炸重庆的三菱 96 陆攻护航，未发生空战；1940 年 9 月 13 日，进藤三郎上尉率 13 架零式与保卫重庆的 27 架中国空军波利卡波夫 I－15、I－16 战斗机空战，老旧的 I－15、I－16 无力抵挡，损失惨重。在接下来的几个月中，零式共击毁 99 架中国飞机，自身仅有两架因为地面起火而损失。

在零式投入中国战场一年后，由于无法从战场上搞到一架零式甚至是残骸，中国空军仍无法一窥零式的奥秘。克莱尔·李·陈纳德，著名的飞虎将军，当时作为美国陆军航空队退役军官来帮助重组士气低落的中国空军。他注意到中国战场上出现的日本新式战斗机，并立即向国内报告，但这份报告没有引起当局的重视，盟军仍然对零式一无所知。

1941 年 12 月 7 日，日本偷袭珍珠港，太平洋战争爆发。这时的日本海军已经拥有超过 400 架精锐的零式，大多数是 21 型。在偷袭珍珠港作战中，零式从航母起飞，为第一波攻击的 B5N2 - 97 式鱼雷机和 D3A1 - 99 式俯冲轰炸机护航，掌握制空权后，零式也扫射机场跑道、防空火力点和其他一切目标。零式在空战中击落了 4 架美国战斗机，还给珍珠港的地面设施造成了极大的破坏。此役中日本损失 8 架 A6M2，大多数是被对空火力击落的。

太平洋战争第一年中，美国海军的标准舰载战斗机是格普曼 F4F 野猫式。A6M2 与 F4F 相比，无论在速度、爬升率和机动性上都全面占优，但野猫的火力更强，机体更坚固；两者的俯冲速度旗鼓相当。A6M2 的翼载很小，转弯半径比野猫小得多，这使得 A6M2 在空战中能抢先占位，击落野猫式。12 月 8 日，日本进攻击威克岛，8 架野猫被摧毁于地面。剩下的野猫英勇抵抗了两星期，粉碎了日军数次空中攻击和一次海上入侵。不过，他们被优势的日军战斗机所压倒，12 月 22 日，损失了最后两架野猫。

基本小知识

太平洋战争

太平洋战争是日本法西斯发动的侵略战争，是第二次世界大战主战场之一，是民主力量与法西斯势力在全球最广阔海域的大冲撞，太平洋战争以日本偷袭珍珠港为先导，以日本投降结束，参战国家多达 37 个，涉及人口超过 15 亿，交战双方动员兵力在 6000 万以上，历时 3 年多，伤亡和损失难以统计。

珍珠港事件的后一天，12 月 8 日，驻台南的日本陆基航空兵大举空袭菲律宾。84 架 A6M2 护送 54 架 G4M11 式陆攻和 54 架 G3M296 陆攻袭击了克拉克机场，美军飞机紧急起飞迎战，被击落 15 架，另外还有 50 架被摧毁于地面。一天内日军就基本消灭了美国在菲律宾的空中力量！这次奇袭中，零式采用低速省油飞行方式，直飞菲律宾，美军完全没想到日本已经拥有了续航能力如此强大的战斗机，大为震惊。在菲律宾上空首开纪录的是坂井三郎下士，击落一架柯蒂斯 P - 40，这已是他的第三战绩了，前两次战绩是在中国战场取得的。两天后，坂井又击落了一架 B - 17 轰炸机。到 12 月 13 日为止，美军大势已去，A6M2 开始使用机炮扫射地面目标，仅仅 3 天，零式就掠取了菲律宾的天空。

在三个月内，日本海军的200架A6M2在与荷兰、英国、美国、澳大利亚的水牛式、CW-21B、霍克75A、P-40战斗机的空战中大获全胜。一是由于零式的杰出性能，二是由于日本有在中国战场实战过的飞行员，经验丰富。1942年3月8日荷兰停止抵抗。随后零式开赴新几内亚和所罗门群岛，在这里A6M2除了P-40战斧式外，还遇到了贝尔P-39、P-40飞蛇式陆基战斗机。P-39飞蛇式的表现令人汗颜，坂井三郎吹嘘道，任何稍具经验的飞行员驾驶零式都能轻易击落P-39。

在那段日子中盟军唯一的亮点就是飞虎队——美国志愿航空队。1941年12月20日，日军空袭昆明时，飞虎队首次参战。飞虎队的P-40都绘有吓人的鲨鱼嘴，借以打击日军飞行员的士气。P-40机动性不如A6M2，但平飞速度要快些。利用这项优势，飞虎队采用高速俯冲，打了就跑的战术，避免与零式纠缠。在飞虎队并入第14航空队前，他们已经摧毁了286架日本飞机(包括空中与地面的)，自己仅损失13名飞行员。

1942年6月3日，古贺忠义下士驾驶A6M2从部署在阿留申群岛附近的龙骧号航母上起飞，此行的目的是袭扰荷兰港。袭扰遇到的抵抗甚微，但在返航途中古贺发现了机身油箱上有两个弹孔，还在不断漏油。由于燃料不够，他只能迫降在阿库坦岛上的沼泽中。迫降中飞机翻了身，飞机只是有些轻微损伤，但倒霉的古贺下士却因脖子折断而丧命。5个星期后，一支美国海军的侦察部队发现了这架倒扣在沼泽中的日本飞机，死去的飞行员仍被绑在座椅中。古贺的A6M2仅仅轻微损伤，被仔细包装后用船运回美国本土。

古贺的零式经修理后能够重新飞行，这可以称得上是美国在太平洋战争中最重要的情报收获之一。欣喜的美国人对它进行了彻底的分析，分析结果表明零式有很好的爬升率，能轻易超过F4F和P-40，航程也优于盟军任何一种战斗机。零式具有卓越的机动性，在低速时与零式进行格斗无异于自杀；但在高速时就不一样了，这时零式机动性急剧恶化，副翼僵硬，动作困难。美国人还发现了零式机翼结构存在严重缺陷，俯冲速度受到限制。被咬住的零式能通过做高速俯冲或者小半径转弯轻易摆脱，所以盟军飞行员一定要保持高速，避免陷入低速纠缠。零式为了减轻重量，没有安装自密封油箱和任何自动灭火装置，飞行员也没有装甲保护，机体表面中弹就可能引起飞机着火，美军为此特地研制了穿甲燃烧弹。这种子弹非常容易穿透零式的铝合金蒙皮，并引燃整架飞机。

美国人找出了零式的缺点，本土的测试报告迅速传送到太平洋战场的一线单位，这些宝贵的信息帮助沮丧的美国飞行员改进战术立足现有装备最终击败称霸太平洋上空6个月之久的零式。A6M2的优势被美军的新战术和新装备抵消了。1942年10月26日，A6M2在圣克鲁斯进行了最后一次空战，随后A6M2被A6M3所取代。淘汰下来的A6M2分配到二线单位和训练单位。战争的最后一年里，这些陈旧的A6M2大多被改装成神风特攻机与狂热的飞行员一起玉碎了。

趣味点击　偷袭珍珠港是罗斯福的苦肉计吗

日本偷袭珍珠港存在两种说法，一是偷袭珍珠港事件是真正的偷袭。二是罗斯福的苦肉计，是为了激起美国民众参战的决心。前者是公认的历史，后者也在到处流传，特别是一些日本人始终坚持认为珍珠港事件完全是一桩特大的阴谋。因为日军的突袭看似非常成功，但一些莫名其妙的巧合使日军的战略意图没有一件达到。

“疾风”战斗机

大战中飞得最快的日本飞机，恐怕要数“疾风”战斗机了，它由中岛飞机厂研制生产，制式型号为：四式单（座）战（斗机），代号キ－84（读作Ki－84）。

1941年底珍珠港事件后不久，以日本国产第一种2000马力级空冷发动机ハ45“誉”式（ハ45读作“ha－45”）的问世为契机，日本陆军航空兵本部当即要求中岛飞机厂研制一种以此为动力装置、在综合性能上希望能体现“脱胎换骨”的防空专用战斗机，并借以作为前线“隼”式（キ－43）和

“钟馗”式（キ－44）战斗机的补充和替代。

疾风式战斗机是一种综合吸收了九七式、“隼”式和“钟馗”式等陆军战斗机之制造技术于一身，具备了一流飞行性能的先进机种。由于采用170千克/平方米的高翼载值，使飞机有望跻身于高速飞机的行列。1944年夏季，在进行过两批试生产、制造出42架前期试制型之后，终于顺利转入了大批生产，并定名四式战“疾风”。因为当局盲目地对ハ45型“誉”式发动机充满期望，所以日军从一开始便寄“疾风”以厚望，并狂妄赋予其“大东亚决战机”之美名，企图利用一两件新型武器来挽回业已凸现的败局。

疾风的气动布局基本继承了“隼”的风格，有一个设计匀称的外形。但翼展和翼面积略有缩小，总长有所增加。而飞机的起飞重量却增加了一半。侧面投影上则更多地由曲线替代了生硬的直线，使外形更趋柔和与成熟。机头装一台ハ45型双排星形18缸空冷活塞发动机，用一个相当光滑的整流罩包裹着，配一个Z32型四叶电驱动定速螺旋桨组。机身中段设有先进的近似水泡形的座舱盖，所以视界比较良好，顺便说一声，这也是战时日本战斗机设计上的可取之处。疾风的后三点起落架均可收入机内以减少阻力。在机头罩上部，装有ホ－103型12.7毫米机枪两挺，梯形带上反角的悬臂式下单翼内，则装有ホ－5型20毫米机炮两门，翼后缘安装了开缝式“空战襟翼”，有利于空战中的机动飞行。中岛传统的中翼/前机身全金属整体结构显得异常坚固，并部分采用了应力蒙皮。此外，于机翼下还可视需要挂载30－300千克级炸弹两颗。

日军竟敢利用其速度上的优势和坚固的机体结构，与援华作战的美军以及中美混合航空团的P－47、P－51等一流战斗机频频交手，大有一决雌雄之势

因日本国内战略物资奇缺，到战争后期，中岛曾打算同时发展全木质结构型キ－106和全钢质结构型两种派生型号，但均因设计超重，使平飞速度和爬升速度遭到恶化而作罢。

1944年3月底，首批疾风交付使用，并很快凑足6个战队的规模。7月份，一支由试生产型组建的第22实验战队首次进驻中国内陆汉口机场，以对应美军P－51“野马式”战斗机在大陆战场的介入。日军竟敢利用其速度上的优势和坚固的机体结构，与援华作战的美军以及中美混合航空团的P－47、P－51第一流战斗机频频交手，大有一决雌雄之势。当时，因“紫电改”等后继机种开发迟缓，令疾风实际上成为日本在东亚的第一流战斗机。

同年秋季，麦克阿瑟与尼米兹率领两支劲旅逼近战略要地菲律宾，日军决定孤注一掷，背水一战。10月20日，爆发了历史上规模壮观的莱特湾海空大战，以30战斗飞行队为核心的300余架疾风实际上是被当作攻击机出海阻击美海军舰只攻势的。为了维持最起码的行动半径和攻击力度，飞机不得不在左右翼下分别挂上炸弹和副油箱，飞行员为保持飞行平衡和准确投弹，真是费煞了苦心。这些飞机从纳格罗斯岛上起飞，一边与美国的海军飞机苦斗一番，一边还得设法将目标炸沉。当时，疾风还轮番攻击了敌方前沿机场、并为自己的补给船队提供过空中掩护。也许大家都没有料到，疾风的拿手好戏是俯冲轰炸。它们常挂上30～250千克不等的大小炸弹两枚，在600米低空、以550千米/小时的速度转入俯冲，且投弹效果良好。特别是在那次超低空袭击冲绳机场的战斗中，获得了一时的胜利。

知识小链接

麦克阿瑟

道格拉斯·麦克阿瑟（1880—1964），美国著名军事家，五星上将军衔。第二次世界大战时期历任美国远东军司令，西南太平洋战区盟军司令；战后出任驻日盟军最高司令和朝鲜战争“联合国军”总司令等职。他是美国奖章获得最多的一位军官，也是唯一一个参加过第一、二次世界大战和朝鲜战争的美国将军。

可以说，疾风应是战时日本陆航最好的轻型战斗机。在平飞速度、海平面爬升率和转弯机动性诸方面均已接近当时的世界先进水平。战后，美军利用缴获而来的疾风，改为使用美国自产的优质汽油，在6100米中等作战高度上竟飞出了689千米/小时的速度记录，仅次于当时美军第一流的P－51H和P－47N战斗机。同时，又被证明在中、低空高度，其爬升性能和操纵灵活性甚至优于P－47和P－51，被试飞组人员喻为是“一个可怕的事实”。

被美军俘获的Ki－84

由于疾风是日本在航空机械制造工艺上，第一个实施先进的“基孔制”的飞机型号，所以单机制造总工时已从“隼”的25000降至仅仅4000。1944年底，太田制作所的月产量已高达518架之多，正是这种极易生产的作战飞机顺应了战争之需要。

而疾风的致命弱点，是因为工人素质低下造成的零部件加工精度差、起落架支柱等关键部件钢材质量的不过关、燃料性能的低劣、ハ45发动机因技术不过关而令事故率高居不下以及机载无线电设备的落后等原因，导致前线备件不足、飞行事故时有发生，甚至严重影响战斗原有性能和战斗力的正常发挥（其出勤率甚至低于キ－100“五式战”）。特别是当后期的主要产生场地武藏制作所在美军B－29的大举空袭之下连遭破坏后，疾风的生产更是陷于日夜突击、疲于奔命的挣扎状态。

战后，美军接收大员在美国对疾风进行了综合飞行测试，不仅飞出了前面说到的高速性能，而且证明，只要采用优质汽油，ハ45发动机本身的技术性能还是不错的。作为二战后期日本的一个主战机种，能够同时兼备速力、机动性和火力三大指标已属不易。所以，在日本才获得了“飞得最快的战斗机”之美称，它也是中岛飞机厂所生产的最后一种作战飞机。

米格-21战斗机

米格-21被称为空中的“AK-47”步枪，结实可靠，性能优良，成本低廉。生产了1万多架，一度成为50多个国家空军的主力机型。对抗北约50年，参加过30次军事冲突，喻为“冷战”象征。2008年年底，作为冷战的一个象征，在与俄罗斯的主要对手——北约的对抗前线服役了50年后，米格-21战机退役。

米格-21是根据朝鲜战争中喷气战斗机的空战经验研制而成，其飞行速度为2马赫，轻巧灵活。米格-21是一种气动外形良好的轻型单座单发战斗机，采用三角机翼设计，雷达天线安装在进气口中央的可调节锥体内，进气道前端很薄，以适应两倍以上声速的高速飞行。

你知道吗

从理论上讲朝鲜战争尚未结束

朝鲜战争（1950年6月25日—1953年7月27日），是一场朝鲜与韩国两个意识形态对立的政府之间的战争，同时美国、中国、苏联等18个国家也以不同程度地卷入这场战争。朝鲜战争是在冷战背景下的一场实际战争。最终参战双方签署《朝鲜半岛军事停战协定》，由于签署的是停战协议而非和平协议，因此从理论上来讲，这场战争尚未结束。

苏-37多用途战斗机

苏-37是在苏-35多用途战斗机的基础上发展起来的一种超机动性多用途战斗机，可执行空对空、空对地和空对舰作战任务。1996年9月2日在英国范堡罗航展上首次在国外公开露面。该机采用三翼面气动布局和推力矢量技术，整个机体平滑呈流线型，机头左侧装伸缩式受油管，右侧装红外搜索装置。

发动机矢量控制系统与飞机的飞行控制系统完全综合在一起，飞行时不需要飞行员附加任何信号输入。由于苏－37战斗机采用了推力矢量控制技术，同时具有良好气动外形，因而使它具有了不同寻常的机动能力，即称为超机动性能。苏－37战斗机不但能像苏－35那样，可作“眼镜蛇”、“尾冲”和“钩子”等高难度的机动动作，而且还能做最小半径斤斗动作等更新的机动动作。苏－37战斗机采用这种技术，使它在空战中具有很高的敏捷性，能在空战中迅速变换自己的位置，使机头快速指向目标，并能在空中任一位置向敌机发起攻击。苏霍伊设计局宣称，装备推力矢量喷口发动机的苏－37战斗机，其空战机动能力将比无推力矢量的战斗机提高10倍。

苏－37战斗机的电子设备包括NO—11M多功能无源相控阵火控雷达，激光测距器，尾部告警雷达，四个多功能彩色显示器，激光陀螺惯性导航系统，卫星导航设备，具有地形跟踪能力的综合飞行、导航、攻击系统，综合电子战系统，综合通信系统。飞机的操纵系统采用了全权数字式电传操纵系统和侧杆操纵。NO—11M多功能相控阵火控雷达，对空探测距离可达到400千米，对地探测距离200千米，能同时跟踪15个目标，并能同时攻击其中6个目标。

苏－37飞机的推重比大于1.0，最大外挂重量约8吨，海平面最大平飞速度1400千米/小时，高空最大平飞速度2500千米/小时，实用升限18000米，作战航程4000千米（使用机内燃油），经一次空中加油后可达到6500千米。所需跑道长度1200米。

基本小知识

反辐射导弹

反辐射导弹又称反雷达导弹，是指利用敌方雷达的电磁辐射进行导引，从而摧毁敌方雷达及其载体的导弹。在电子对抗中，它是对雷达硬杀伤最有效的武器。现役的空地反辐射导弹，通常用于攻击选定的目标。在攻击过程中，如被攻击的雷达关机，导弹的记忆装置能继续控制导弹飞向目标。

苏－37 飞机的机载武器有一门 30 毫米机炮，外挂架可携带主动雷达制导发射后不管的中距空空导弹，半主动雷达制导的中距空空导弹，红外制导的近距空空导弹，增程中距空空导弹和 R—37 远距空空导弹等。空对地攻击武器，包括反辐射导弹、反舰导弹、电视和指令制导导弹、电视和激光制导炸弹、通用炸弹和集束炸弹等。

米格－29（MiG－29）“支点”战斗机

米格－29 是苏联米高扬设计局研制的双发高机动性超音速战斗机，可执行截击、护航、对地攻击和侦察等多种任务，用于取代苏军的米格－21、米格－23、苏－15、苏－17 等战斗机。北约组织给予的绰号是“支点”。

该机于 70 年代初期开始研制，原型机于 1977 年 10 月 6 日首飞，1982 年投入批量生产，1983 年进入前苏军服役。该机采用全后掠下单翼，双垂尾正常式布局，带有较宽的机翼前缘边条，边条翼上有百叶窗辅助进气口，正面进气口内有可启闭的门以防止外来物在起落时进入发动机，液压助力机械式操纵系统，全金属半硬壳式机身，复合材料结构占全机重量的 7%，整机推重比大于 1。该机是针对美国的 F－16 和 F－18 设计的，设计重点是强调高亚声速机动性、加速性和爬升性能，但不具隐身能力，为典型的第三代战斗机。该机具有多种改型，包括米格－29A，陆基单座双重任务型；米格－29UB，战斗教练型，机头雷达换成雷达测距仪；米格－29C，A 型改进型，座舱后的上机身曲线更陡；米格－29D，舰载型，起落架加强，机翼可向上折叠，内部载油量增大，安装了新的红外搜索跟踪系统，可空中加油。至 1995 年 4 月，该机已生产 1200 多

米格－29

架，除装备独联体国家外，还出口到印度、伊拉克、伊朗、朝鲜、罗马尼亚等国家。

F－86 佩刀战斗机

F－86 是美国原北美航空公司研制的美国第一种后掠翼喷气式战斗机，是美国的第一代喷气式战斗机的代表，是美国、北约集团及日本在上世纪 50 年代使用最多的战斗机，美国和其他一些国家共生产了 11400 架左右。1945 年 5 月开始设计，1947 年 10 月原型机试飞，1949 年 5 月开始装备部队。

F－86 曾在朝鲜战场上与苏联的第一代喷气式战斗机米格－15 战斗机进行过较量。结果 F－86 稍逊一筹。

F－86 有 A、D、F、H、K、L 等型。使用的国家和地区有美国、加拿大、意大利、南斯拉夫、土耳其、日本、泰国、菲律宾和韩国等。F－86 早已退出现役，现存美国海军武器研究中心已修改成无人驾驶靶机，用于作战训练。

F－4“鬼怪”（幽灵）式战斗机

F－4“鬼怪”是美国原麦克唐纳公司（现并入波音公司）为海军研制的双座双发舰队重型防空战斗机，后来美国空军也大量采用。F－4 于 1956 年开始设计，1958 年 5 月第一架原型机试飞，生产型则于 1961 年 10 月开始正式交付海军使用。1963 年 11 月开始进入空军服役。

F－4“鬼怪”式战斗机有两个后掠翼，一个可迅速向下拉动的水平尾翼，尖尖的机头，肥大的机身尾部悬挂着两个动力强大的 J 79 发动机（通用电气公司生产），这种涡轮喷气发动机的加力燃烧可以产生 8120 千克的推力。最初该型飞机上只配 1 名飞行员，但后来在越南战争的实战中，美国人认识到配备两名飞行员可以多一双眼睛，一对耳朵，增加了首先发现敌人的机会，所以改为两名飞行员。到 1969 年，两名飞行员又改成了 1 名飞行员和 1 个雷达操作员小组。飞机装有两部发动机，是为了增加被炮火击中时的生存概率。

拓展思考

为什么说越战是美国的滑铁卢

越南战争是美国历史上持续时间最长的战争。十多年的越战，美国耗费了至少2500亿美元。尽管军事上美国并未失败，但它表明美国冷战策略上的重大失误。越战加剧了美国国内的种族问题、民权问题，并使美国的经济状况急转直下。尽管美国自建国以来在绝大多数战争中都是获利的，但越战却是美国的滑铁卢。

最初，F－4E型战斗机上没有安装航炮，因为五角大楼认为使用导弹的时代已到来了。结果这个悲剧性的错误使得美国飞行员在河内上空与米格战斗机的近距离遭遇战中，留下了最为惨痛的教训。后来，美国人在机头下安装了一挺20毫米的M61A1“火神”机枪。

在F－4机身下的凹进处载有四枚“麻雀”雷达制导导弹，可以在超视距地迎面攻击时使用，这种导弹能在15海里左右的距离内精确地命中目标。F－4D“鬼怪”式战斗机上携载有雷达制导的AIM－4D“猎鹰”导弹。在更近的距离内交战时，“鬼怪”式战斗机所携载的红外热寻的导弹——“响尾蛇”导弹成为当时最先进的空空导弹。

F－4是美国第二代战斗机的典型代表，各方面的性能都比较好，是美国空、海军上世纪六七十年代的主力战斗机，参加过越南战争和中东战争，也曾经是美国空军的“雷鸟”飞行表演队的表演用机。

以色列空军装备的F－4战斗机

F-111 变后掠翼超音速战斗轰炸机

F-111 是通用动力公司研制的超音速战斗轰炸机，也是世界上最早的实用型变后掠翼飞机。

F-111 变后掠翼超音速战斗轰炸机

该机原本是为美国空军和海军研制的，由于各自的任务要求不同，难以兼顾。当时，美国军方提出研制一种能满足空军的战术对地攻击、又能满足海军舰队防空和护航要求的通用战斗机。为满足空军和海军的不同作战要求，决定研制 A、B 两种型别。因此出现了以对地攻击为主的空军型 F-111A 和以对空截击（即舰队防空和护航）为主的海军型 F-111B。前者的主承包商是通用动力公司，于 1962 年开始设计，1964 年 12 月第一架原型机试飞，1967 年 10 月首批生产型正式交付使用；后者主要由格鲁门公司研制，1965 年 5 月第一架原型机试飞，但因结构超重，性能达不到要求，加之导弹火控系统的研制也遇到困难，最后于 1968 年停止发展，海军取消订货。从此，F-111成了纯粹的空军型飞机。

F-111A 采用了双座、双发、上单翼和倒 T 形尾翼的总体布局形式，起落架为前三点式。最大特点是采用了变后掠机翼，这在当时是一项新技术，首次应用于实用型飞机。变后掠翼的优点是可以改善超声速飞机的起落性能，兼顾高、低速之间的气动要求，扩大飞机的使用范围。两个活动的外翼间靠一根长 4.2 米长的盒形梁相连接，飞行员通过液压系统控制它们的后掠角度变化。机身为半硬壳式金属结构，基本结构材料为铝合金，蒙皮为蜂窝夹层壁板。在载荷集中和高温部位采用了合金钢和数合金。两台 TF30-P-3 型涡轮风扇发动机并列装于后机身内，每台发动机可提供推力 55.41 千牛、加力推力叠 3.16 千牛。全机可载燃油 14515 千克，还可以进行空中加油，受油口在座舱后的机身顶部。进气道位于机身中部的两侧。其中的$\frac{1}{4}$圆形调节锥由计算机控制。

F－111 共有九个型别。其中大多数为以对地攻击为主的战斗轰炸机或改进型飞机，主要用于在夜间和不利气象条件下执行常规和核攻击任务，但也有两种完全改成了别的用途飞机，如 EF 一 111 电子对抗飞机和 FB—I11 战略轰炸机。它们经常出现在一些地区冲突和局部战争中，是美国远程作战的主力机种之一。

F－16 战斗机

F－16 是美国通用动力公司为美空军研制的单发单座轻型战斗机，主要用于空对空作战，也可用于近距空中支援，是美国空军的主力机种之一。

冷战结束后，美国空军对军机的需求量下降，通用动力公司于 1992 年 12 月宣布将 F－16 的生产线卖给了洛克希德公司。F－16 在战后美国军用飞机中是改型较多的一种，F－16 原本是美国通用动力公司研制的低成本、单座轻型战斗机，第 1 种型号于 1979 年 1 月进入现役。几经改进，前后有 A、B、C、N、R、XL、ADF 和 AFTI/F－16、F－16/J79、NF－16D 等 11 种型别，有些型别的最大起飞重量已近 20 吨。

知识小链接

美国通用动力公司

美国通用动力公司是美国最大的军火商，也是国防承包商之一，它的产业分为四大领域，一是航海设备，主要是制造军舰和核潜艇；二是航空领域，包括商用飞机和战斗机；三是信息系统和技术部门；四是攻击性武器的制造。

F－16C/D 是 F－16 战斗机的主要型别。1984 年 7 月开始交付给空军。武器系统包括 AN/APG－68 多功能雷达、广角平视显示器、任务计算机等火控设备和 20 毫米口径 M61 “火神” 6 管炮、AIM－7 “麻雀” 以及 AIM－9 “响尾蛇” 空对空导弹、AIM－120 先进中距空对空导弹、AGM－65 “幼畜” 空对地导弹、反辐射导弹和各种炸弹等武器。D 型是 C 型的教练型，1983 年首飞，1984 年 9 月开始交付给空军。

实战表明，F－16 飞机的空战性能极佳。它问世不久，美国就把约 40 架 F－16A 式战斗机卖给了其中东盟友以色列。素以英勇善战著称的以军飞行员很快就将这种飞机的性能发挥得非常出色，以两次远程奔袭作战使 F－16 名扬四海。

在海湾战争中，美国空军在实战中首次使用了 F－16。F－16 是在这场战争中部署量最多一种飞机，为 251 架；共出动了 13480 架次；在美军飞机中出动率最高，平均每架飞机出动 537 次。执行了战略进攻、争夺制空权、压制防空兵器、空中遮断等任务，是“沙漠风暴”等行动中的一大主力。1992 年 12 月 27 日，一架 F－16C 战斗机在伊拉克南部的“禁飞区”内用 AIM－120 导弹超视距击落了一架伊拉克的米格－29 飞机，这也是 AIM－120 导弹第一次用于实战。

担任假想敌的 F－16N 型战机

在科索沃战争中，F－16 执行了大量的任务，包括压制敌防空系统、防御性空战、进攻性空战、近距离空中动摇和前沿空中控制任务。摧毁了南联盟大量雷达阵地、地面坦克和车辆、建筑物和南联盟空军的米格战斗机。

自“9·11”事件后，F－16 在美国的全球反恐作战中起到主要作用，这些飞机执行了数千架次的飞行任务。在伊拉克战争中美国空军向中东地区部署了 F－16C/D 型机 60 架，F－16CJ 型机 71 架。

英国“鹞”式垂直/短距起落战斗机

英国“鹞”式战斗机是世界上第一种实用的垂直/短距起落飞机。1969年开始装备部队，并有舰载型“海鹞”和美国改型生产的AV－8B型等。

在1982年的英、阿马岛之战中，“鹞”式飞机首次参战，执行截击任务，击落对方飞机16架。海湾战争中，AV－8B参战遂行对地攻击任务被地面火力击落7架。最大平飞速度1186千米/小时，作战半径约420千米，机身下可装挂两门30毫米“阿登”航炮炮舱。翼下可挂装空对空导弹和炸弹等武器，最大载弹量2270千克。

基本小知识

海湾战争

1990年8月2日，伊拉克军队入侵科威特，推翻科威特政府并宣布吞并科威特。以美国为首的多国部队于1991年1月16日开始对伊拉克军队发动军事进攻，主要战斗包括历时42天的空袭，在伊拉克、科威特和沙特阿拉伯边境地带展开的历时100小时的陆战。多国部队以较小的代价取得决定性胜利。伊拉克最终接受联合国决议，并从科威特撤军。

歼－5——国产战斗机的起步

新中国建国后，迅速开始了仿制生产喷气式战斗机的工作。中苏两国政府于1951年10月正式签订了《苏维埃社会主义共和国联盟给予中华人民共和国在组织修理飞机、发动机及组织飞机厂方面以技术援助的协定》。同年4月18日重工业部设立航空工业局，统一负责飞机的维修工作。1951年12月，周恩来总理亲自主持会议研究决定，要在3—5年的时间里试制成功苏制雅克－18初级教练机以及米格－15。后歼击机项目改为试制更加先进的米格－17喷气式歼击机。1954年中国第一批飞机及其发动机试制成功，两年以后，1956年9月8日，沈阳飞机厂试制成功中国第一种喷气式歼击机歼－5，即米格－17Φ型，随后获批准批量生产。中国成为当时世界上少数几个能够成批生产喷气飞机的国家之一。

歼－5由沈飞工业公司研制，是单座单发高亚音速喷气式战斗机，主要用于昼间截击，具有一定的对地攻击能力。歼－5是仿制苏联的米格－17Φ（米格－17F）歼击机，米格－17F型1951年9月首飞，1952年底开始大量生产。当时歼－5被称为56式，直到1964年才改称歼－5。试制工作从1954年10月开始，1956年7月19日原型机首次试飞成功，并使用苏制零件装配了13架歼－5。1956年7月13日，全部用自制零件组装的第一架歼－5完成总装。至当年9月15日，制造出4架国产型歼－5飞机。这四架飞机参加了1956年国庆大典。至1959年下半年停产，共生产歼－5飞机767架。歼－5采用单座、单发、机头进气、后掠式中单翼布局。后掠式中单翼的后掠角是45°，为双梁结构。机翼内侧有角度可控的后退式襟翼。全金属半硬壳式构造机身，机头进气。机身后部装有可操纵的减速板。垂直尾翼分成上下两段，下段固定在后机身的承力斜框上，上段可拆卸。前三点式起落架均为单轮。前起落架收入前机身下部的轮舱内，主起落架收入机翼内。主起落架装有缓冲器，前起落架装有减震器和减摆器。密封式单人座舱在应急时可抛掉舱盖，可弹射座椅保证飞行员在紧急时迅速安全地脱离飞机。采用一台涡喷－5离心式加力涡轮喷气发动机，静推力2600千克，加力推力3380千克。该发动机是苏联克里莫夫设计局的VK－1F发动机的仿制品，VK－1F是米格－17的发动机。1956年6月在沈阳航空发动机厂仿制成功涡喷－5。1964年生产任务转由西安红旗机械厂负责，1966年转产定型投

解放军的歼－5机群

入批量生产。机内燃油1170千克，外挂两个400升副油箱。机载设备包括超短波指挥电台、无线电罗盘、无线电高度表、信标接收机、敌我识别器、护尾器、测距器等。

机头左侧下方装两门23－1型23毫米机炮，机头右侧下方装一门31型37毫米机炮。装弹量为200发。23－1机炮初速680米/秒，射速800发/分，弹种包括航23－1杀燃、航23－1杀燃曳光、航23－1穿燃、航23－1训练弹。37－1型初速690米/秒，射速400发/分，1954年开始研制，开始时因考虑到该炮性能落后、苏联已有后继型号，故仅计划少量生产以避免浪费，后来因为歼－5需求量增加，最终生产了236门后于1959年停产。机翼下可挂两100～250千克的炸弹。歼－5为我军开拓了喷气战斗机的先河，打下了我军发展喷气战斗机的基础。

歼－5屡建战功，1958年7月至10月击落来犯的2架F－84G和6架F－86F，其他战例无数。1956年4月，四架F－4入侵海南岛我方领空，受到我军歼－5的拦截，F－4匆忙发射AIM－7“麻雀”导弹，不料歼－5拐弯半径小得以摆脱，脱靶的AIM－7竟然飞向远方的一架F－4，将其击落。

歼教－5曾经是解放军空军“八一”表演队选用机

歼－5的主要改型包括歼－5甲歼击机，这是我国在歼－5基础上改进的夜间歼击机。前机身加粗，机头上端有突出进气口前缘313毫米的鲨鱼嘴状雷达罩，进气口内加装了半球形天线中锥。这两个部位都采用硬度较小的非金属材料制造，涂蓝色油漆。由于装有简单的RP型搜索瞄准雷达，使得歼－5甲获得了较原始机型强大的夜战能力。发动机采用性能改进的涡喷－5乙。但歼－5甲的改进也有一定代价，如武器系统改成3门HP－2323毫米航空机炮，备弹共300发，比基型火力略有下降。可外挂两枚250千克炸弹。在打击美国B－17G轰炸机侦察改型的战斗中，我军技术人员曾改进了歼－5甲的 RP 雷达，将向下视野由 14 度改为 7 度，上仰视野不变，从而屏蔽了尾追低空飞行的 B－17G 时雷达收到的地面反射杂波。1959 年 5 月 29 日，空军第 18 师截击大队队长蒋哲伦成功驾驶该改型战斗机击落了 B－17G。

此外少量退役歼－5 被改装成了无人靶机，我国至此成为美苏之后第三个拥有“实体型”靶机的国家。

广角镜

歼－5 参加国庆受阅

1956 年 9 月 8 日，国家验收委员会在 112 厂举行了验收签字仪式，并把该型飞机命名为“56 式”飞机（后在全国飞机统一编号时改称为歼－5 飞机），同时批准成批生产。10 月 1 日，新生产的第一批 4 架歼－5，参加了国庆受阅，当它们呼啸飞过天门广场时，整个广场上的人民群众都沸腾了。

歼教－5 是在歼－5 甲的基础上改型设计的全天候双座喷气教练机，由成都飞机工业公司负责。而在苏联，米格－17/19 没有教练型，飞行员要在米格－15 的教练型上训练。

歼－7 歼击机

歼－7 飞机先是由中国沈飞工业集团，后转由成都飞机工业公司在苏联米格－21Φ13 战斗机的基础上发展研制的单座单发轻型超声速战斗机，主要用于国土防空和夺取战区制空权，并具有一定的对地攻击能力。该机于 1964 年开始研制，1966 年首飞，1967 年 6 月批准定型投入批生产。歼－7 飞机具有尺寸小、重量轻、机动性能好、近战火力强、维护简单等特点，除装备中国空军外，还向其他一些国家出口。

实际上，苏联是在 1961 年同意允许中国制造米格－21F－13 及该机所用的图曼斯基 R－11F－300 发动机。并且有少量的苏制该型机作为示范飞机交付中国使用。但是两国关系的破裂严重地影响了中国制造该机的计划，因为苏联没有交给中国该机的任何技术文件和资料。

为此，中国沈阳飞机设计所接受了要充分研究米格－21 的任务，以便

歼－七Ⅰ

制订歼－7飞机的生产计划。米格－21的原型机于1964年初开始生产，1965年11月完成机体静力试验。第一架生产型歼－7，像早期制造的歼－7一样，由沈阳飞机工厂制造，并于1966年1月17日进行了首次飞行。到当年4月底，中国就制造了12架歼－7战斗机。在这段时间，试飞中的原型机，前后共完成了29个起落，飞行速度达到了M2.02。中国最初生产的歼－7，由一台涡喷－7涡轮喷气发动机驱动。该发动机是在苏联R－11F－300发动机的基础上，经多方面改进制成的。

早在1964年，中国就已决定将其转移到成都和贵州生产。歼－7I昼间防空型是由成都飞机公司制造的歼－7飞机的第一种型号，该机的基本方面与沈阳制造的歼－7型机相似。1976年6月首次试飞。与原型（米格－21F－13）相比，主要改进有：机身左侧增加一门航炮（原型的主要武器为一门右侧机身行炮和两枚外挂导弹），加强了近战火力；进气道调节锥由三级调节改为无级调节，改善了平飞加速性能；进气道唇口的圆弧半径由0.5毫米增加到2毫米，改善了低速飞行时的气流流动特性，提高了起飞推力。

F－8Ⅱ（歼－8Ⅱ）

歼－8Ⅱ型飞机是在歼－8的基础上发展和生产的双重任务战斗机，1984年5月完成主要试验，并于同年6月12日首飞。该机在歼－8的基础上对部分机体进行了重新设计，采用两侧进气，增加了安装航空电子设备的空间，同

歼－8Ⅱ

时改进了武器系统、火控系统、机载电子设备和动力系统。由于换装了两台功率较大的 WP－13A 发动机（单台加力推力为 6600 千克力），因此歼－8Ⅱ具有很好的中低空机动性能和全天候作战能力。

强－5 强击机

强－5 强击机

强－5 是我国第一种完全由自己力量研制的第一代超音速喷气式强击机、第一种（当然也是迄今唯一的）国产强击机，也是我国第一种采用两侧进气气动布局的喷气机。其主要任务是近距空中支援和对地攻击，也可用于完成对空作战任务。强－5 飞机由原洪都飞机厂（即今日洪都航空工业集团）于 1958 年 8 月开始研制，1965 年 6 月原型机首飞，1968 年 11 月开始批生产，20 世纪 70 年代开始装备部队。1985 年，强－5 飞机荣获国家科技进步特等奖。前已生产上千架，除装备中国的空军和海军外，还用于出口。

强－5 型飞机为两侧进气、大后掠中单翼、正常气动布局，机身为全金属半硬壳结构，以铝合金及高强度合金钢为主要材料，并且在座舱周围布置有防弹装甲，采用两套相互独立的液压助力操纵系统。该机飞行性能优良，操纵灵敏，座舱舒适，视野宽阔，火力强，可靠性及安全性好，完成任务能力强。

武器装备：左右翼根处各一门 23 毫米机炮，备弹 240 发，整机有 6 个外挂点，左右机翼下各两个，机腹下两个，可挂多种导弹、火箭、炸弹等。

强－5 飞机在国庆 35 周年和国庆 50 周年举行的盛大阅兵式上编队飞过天安门，它威武亮丽的雄姿为世人所惊叹，壮了国威，扬了军威。

值得一提的是，强－5 低空飞行性能优良举世公认，甚至可以进行低于 30 米的超低空高速持续飞行。

歼－10 歼击机

歼－10 是迄今为止中国自行设计研制的最先进的战斗机。歼－10 是单发单垂尾轻型多用途战机，采用国际上新一代战机流行的鸭式气动布局，其优点是既能发挥三角翼飞机高空高速的优势，又通过前翼增加升力，保证中低空亚音速格斗的机动性并大幅缩短起降距离。据外国军事专家推测，歼－10 的气动布局很先进，甚至优于以灵活著称的苏－27。

歼－10 飞行中的空中姿态

歼－10 的另一个特点是载弹量大。歼－10 的外挂能力强，可有效实施对地对海轰炸攻击，而可贵的是空战能力更突出。歼－10 采用了大量复合材料，使自身重量比 F－16 等战机略轻，发动机的功率却基本相当，这使其在空战中具有很强的机动性。

首批装备该飞机的空军航空兵部队，已成建制形成作战能力，对有效提高空军防卫作战能力，加快我军武器装备现代化建设，巩固国防具有重大意义。为了它的诞生，中国军工战线的科研人员艰苦奋斗，采用了大量新

拓展阅读

歼－10 总设计师宋文骢

随着歼－10 飞机的研制定型和装备部队，中国形成了一整套具有自主知识产权的第三代战斗机设计技术。而实现这一关键突破的关键人士之一，就是歼－10 飞机总设计师宋文骢。宋文骢生于云南昆明，是中国著名飞机设计专家，中国工程院院士。是 2009 年度“感动中国”十大人物之一。

设计、新技术、新工艺，创造了共和国航空史上数十个“第一”。中国人民空军试飞员承担了数十项极限试飞任务，对数百个课题、数千个参数，进行上千架次的试飞检验，圆满完成了定型试飞任务，确保歼－10战斗机按时装备部队。

苏－30MKK2战斗轰炸机

中国海军航空兵在海军建立之初就作为重点发展的三个兵种之一，经过50多年的发展壮大，目前已经成为中国海军应对高技术现代化战争的重要作战力量。中国军队在“本土防御”国防政策影响下，一直将空军作为空中作战力量的核心发展。海军航空兵虽然是海军中的一个独立的兵种，但是其在装备发展上却始终排在空军之后。从国外引进的苏－27SK战斗机和国产歼10都首先装备空军作战部队，海军航空兵装备的JH－7战斗轰炸机也是空军暂时放弃后才由海军接手发展的机型，而歼－8系列战机在空军装备苏－27多年之后依然是海军航空兵最先进的战斗机。因此，中国海军航空兵的装备技术水平一直低于同类型的空军装备，在整体战斗力上与空军始终存在较大的差距。

随着海军力量在国防安全上整体作用的提高，海军航空兵技术装备的更新速度也在逐渐加快，装备新型作战飞机的速度和规模也开始明显提高。中国海军航空兵装备了苏－30MKK2多用途战斗机。

据俄罗斯共青城飞机生产联合体透露，苏－30MKK2是对于早期苏－30MKK多用途战斗机进行技术完善的改进型号，无论是在电子设备还是在机载武器上都要超过后者。

苏－30MKK2战斗轰炸机

苏－30MKK2在机载航空电子设备和机载武器上重点提高了使用精确制导武器对海（陆）目标进行打击的能力。拥有该型战机的中国海军航空兵第一次在装备上站在与空军相同的位置。引进苏－30MKK2多用途战斗机有效扩大了中国海军航空兵的作战范围，显著提高了中国海军面对现代化高技术战争时的整体作战能力，其在战术上和技术所体现上的意义都非常明显。

“阵风”战斗机

“阵风”战斗机是法国国防部“为满足法空军和海军的作战使用需求，用一种飞机代替现役七种飞机”而研制的一种新型多用途战斗机。该机采用复合三角翼，高置活动鸭式前翼，翼身融合体，单垂尾和双发动机的总体局。具有大推重比、高机动性、多种外挂能力和一定的隐身能力。能执行夺取空中优势，防空截击，对地、对海精确攻击等多种作战任务。

“阵风”战斗机装备了数字式综合航空电子系统，显示器采用“一平三下”，即上面有1个平视显示仪、下面有3个多功能彩色显示器，并采用了双杆操作。该机还配备了一部RBE2无源相控阵火控雷达。该雷达具有分辨率高、扫描速度快、可灵活改变波束指向的特点，能在各种过载情况下快速指向目标。对5平方米的目标，雷达的最大探测距离为926千米，可同时跟踪8个目标，同时攻击其中6个目标。在探测、跟踪目标的同时，具有地形跟踪、地形回避能力。除RBE2雷达外，“阵风”战斗机还采用了三余度数字式电传操纵系统，萨吉姆公司的尤利斯52X激光陀螺惯性导航系统，塞克斯坦公司的语音控制系统和语音告警系统，汤姆逊公司的头盔瞄准具和卫星导航设备等现代航空电子设备。

“阵风”战斗机的机载武器是一门30毫米的“盖特”M791B机炮，共有14个外挂点，最大外挂量6吨。在执行空中截击任务时，可挂载8枚“米卡”发射后不管的空空导弹；执行纵深攻击任务时，可携带1枚ASMP中距核攻击导弹；执行战术攻击任务时，可携带16颗227千克炸弹和两枚“米卡”空空导弹，或两枚“阿巴斯”远距空地导弹和两枚“米卡”空空导弹。另外，该机还可挂载激光制导导弹和激光制导炸弹、反舰导弹等。“阵风”战斗机的最大平飞速度 M2.0，空重 9.5 吨，正常起飞重量 17 吨，最大起飞重量 22.7 吨。作战半径 1800 千米。

EF2000 欧洲战斗机

EF2000 欧洲战斗机是英、德、意、西班牙四国联合研制的多用途战斗机。该机采用近距耦合鸭式布局，前方有全动式鸭翼，后方为复合三角翼，无水平尾翼，只有单垂尾。二元可调进气道位于机身腹部。具有高机动性和短距起降性能。该机的最大飞行速度为 M2.0，空重 9750 千克，最大起飞重量 21 吨，作战半径 600 千米。动力装置为两台英国罗·罗公司研制的。EJ200 涡扇发动机，最大推力 60 千牛，加力推力可达到 90 千牛，推重比接近 10。

在机载设备方面，EF2000 战斗机装一部 ECR90 脉冲多普勒火控雷达，该雷达由英国马可尼公司、意大利菲亚特公司、西班牙英尼塞尔公司和德国德律风根公司联合研制，对 5 平方米的目标，雷达的迎头最大探测距离为 130 千米。该机还采用了 LN—93EF 环形激光陀螺惯性导航系统和 GPS 导航设备，并装有头盔瞄准具和红外跟踪装置。这些电子设备通过 STANAG3838 光纤数据总线与 3 个多功能彩色显示器交连。为减轻飞行员的工作负担，EF2000 战斗机装有

你知道吗

歼击机最先在德国出现

第一次世界大战初期，出现用飞机来阻挠敌机的战斗行动，当时只是后座的射击员用手枪、步枪和机枪在空中相互射击。1915 年德国研制出装有射击协调器的福克 EI 飞机。机枪固定在机身头部，穿越机头的螺旋桨旋转面射击而子弹不会击中旋转桨叶。这样，后座的射击员被取消，驾驶飞机和射击都由驾驶员来完成。这种飞机的出现，从根本上改变了空战的方式，从此确立了歼击机武器的典型布置形式。

语音控制装置，用于选择无线电工作频道、平视显示仪和多功能显示器的工作状态。

EF2000战斗机的武器系统有一门BK27型27毫米口径机炮，共有13个外挂点，最大外挂量为6.5吨。可挂载AIM-120发射后不管先进中距空空导弹，S225X主动雷达制导发射后不管的中距空空导弹，“阿斯派德”和“天空闪光”半主动雷达制导中距空空导弹，AIM-132先进近距空空导弹，以及AIM-9“响尾蛇”系列空空导弹等。该机可挂载的对地攻击武器有激光制导炸弹和反辐射导弹等。

军用轰炸机

轰炸机是用于对地面、水面目标进行轰炸的飞机。具有突击力强、航程远、载弹量大等特点，是航空兵实施空中突击的主要机种。按执行任务范围分为战略轰炸机和战术轰炸机；按载弹量分重型（10 吨以上）、中型（5～10 吨）和轻型（3～5 吨）轰炸机；按航程分为近程（3000 千米以下）、中程（3000～8000 千米）和远程（8000 千米以上）轰炸机。

机上武器系统包括各种炸弹、航弹、空地导弹、巡航导弹、鱼雷、航空机关炮等。机上的火控系统可以保证轰炸机具有全天候轰炸能力和很高的命中精度。轰炸机的电子设备包括自动驾驶仪、地形跟踪雷达、领航设备、电子干扰系统和全向警戒雷达等，用以保障其远程飞行和低空突防。现代轰炸机还装有受油设备，可进行空中加油。

“水轰－5”

“水轰－5”型水上反潜轰炸机由哈尔滨飞机制造公司研制，用于中近海域海上侦察、巡逻警戒、搜索等任务，也可监视和攻击水面舰艇。1968 年“水轰－5”的研制正式得到批准，1970 年完成总体设计，次年总装出第一架原型 01 号。1971 年就以 110% 的设计载荷达到并超过全机静强度破坏试验的技术要求，并总装成功。02 号原型机于 1973 年 12 月实施首次地面滑行，并于 1975 年 5 月在湖北荆门漳河水库下水，开始水上试验。1976 年 4 月 3 日首次进行水上起降试飞。1986 年服役，从而开始接替陈旧的“别－6”和“青－6”型水上飞机。“水轰－5”可以在海上、江河湖泊及水库中起降，并具有超低空、大航程、全天候、大载弹量、短距起降和抗波浪性好等特性。

基本性能：机长 38.9 米；机高 9.80 米；翼展 36 米；起飞重量 45000 千克；正常起飞重重 36000 千克；最大平飞速度 556 千米/时；实用升限 10250 米；爬升率 11.3 米/秒；最大航程 4900 千米；最大续航时间 11 小时 53 分；最大机内载油 13417 千克；起飞滑水距离 482 米；着水滑跑距离 853 米。

轰－6 轰炸机

轰－6 轰炸机，原型为苏制中型喷气轰炸机图－16。该机 1948 年开始研制，直到 1990 年还有少量在苏军中服役。该机的各个改进型在我军中担任了战术战略轰炸、侦察、反舰、巡逻监视等多种任务，形成了一个用途广泛的型号系列。至今该机仍是我军战略轰炸力量的核心，并且在不断对其动力、航电及机载武器进行改进，同时在其基础上发展了多种特种平台，预计将至少服役至 2020 年左右。

1959 年我国西安飞机制造公司开始仿制图－16 轰炸机，后一度终止，1964 年 3 月恢复研制。轰－6 是当时中国试制的吨位最大的飞机，全机零件多，结构复杂，技术难度及工作量大。在试制过程中，西安飞机制造公司组织技术力量，补齐了苏联未提供的强度计算等资料，编制了新工艺和关键技术资料，攻克了多项技术关键，应用了多项新技术。该机于 1968 年试制成功，结束了中国不能制造中型轰炸机的历史，填补了航空工业的空白。

拓展阅读

轰－6 功臣陆颂善

陆颂善，1919 年生于上海，毕业于上海交通大学机械系，中国杰出飞机制造技术专家。他主持轰－6、运－7 等机型的改进改型，组织攻关解决了技术关键，发挥了技术决策作用。他积极开拓国外民用飞机零部件转包生产，对推动企业技术改造、质量管理、技术进步，起到积极作用，取得显著技术经济效益，为航空工业的发展做出了重要贡献。

轰－6 的主要作战武器为多种普通炸弹，舱内正常载重量 3000 千克。

机上装有共 7 门 23 毫米自卫机炮，机头 1 门，机身上、下、尾部炮塔各两门，由射击瞄准雷达或光学瞄准具控制。1981 年，在轰－6 机上加装第二代自动领航轰炸系统，深受部队欢迎。为了提高轰－6 的自卫生存能力，1980 年，完成了轰－6 机加装自卫干扰设备的改装。

其炸弹武器包括核弹和普通炸弹、高阻爆破炸弹等。主要作为常规轰炸力量使用，并能使用我国研制的各种空投型核武器。

轰－6 轰炸机

轰－6原型机研制成功后，西飞进一步研制了轰－6的第一个正式型号轰－6甲。在此之前，西安飞机制造厂于1963年接收了哈尔滨飞机制造厂1959年用苏联散件组装的一架轰－6（因此，实际上这是一架我国组装的图－16），改装为核航弹运载试验机，1964年改装完毕。1965年5月14日，中国轰炸航空兵某师李源一机组驾驶这架图－16（50671）飞机，首次空投原子弹爆炸成功，李源一机组为此立集体一等功，第一飞行员李源一和第一领航员于福海记个人一等功，其他四名同志记二等功。周恩来、邓小平、陈毅、贺龙、聂荣臻等当时的党和国家领导人接见了副师长李源一和领航员于福海等人。1988年5月15日，轰－6甲通过生产定型，解放军空军拥有了国产化的大型轰炸机，同年10月15日军工产品定型委员会正式批准投产。轰－6甲执行了我国第一次氢弹试爆。

随后在甲型的基础上发展了轰－6乙型中程侦察机，1979年定型，装有航丁－42型红外相机。到1975年，轰－6丙型开始论证，1977年开始研制，1980年首飞，1983年5月完成鉴定，同年底交付空军。主要改动包括加装电子干扰、电子侦察、电子警戒及可投放金属丝或金属箔条，增强了轰－6的自卫能力。之后还发展了轰电－6Ⅰ/Ⅱ/Ⅲ电子干扰机、轰电侦—6Ⅰ/Ⅱ电子侦察机等。1987年Ⅰ型机由空军开始研制，1990年6月首飞，1992年定型。Ⅱ型机1993年开始研制，1996年定型。

海军航空兵于1967年轰－6还在研制时就提出了研制反舰改型轰－6丁（轰－6D），因“文化大革命”影响，1981年8月29日才首飞成功。经多次导弹试射后，1984年12月24日轰－6丁通过技术鉴定，批准生产交付使用。1985年通过鉴定。轰－6D主要作为反舰导弹载机，保留了原有作战能力。装备了C－601、C－801等多种反舰导弹。

英国兰开斯特轰炸机

兰开斯特轰炸机作为第二次世界大战中皇家空军轰炸机的主战机种，能与美国B－17空中堡垒相匹敌，这是一种可对区域目标进行密集轰炸，而不是对点目标进行精确轰炸的夜间轰炸机，是第二次世界大战后期英国空军实施夜间进攻最成功、最著名的轰炸机。兰开斯特轰炸机的最大载弹量达18000磅（1磅约为0.45千克）。在实施区域空袭时，可以投掷巨型圆柱体重磅炸弹，巨大爆炸当量可以产生无比的破坏威力。“兰开斯特”累计出击156192架次，高居全英之首。累计投弹608612吨，占英国皇家空军战时总投弹量的三分之二。兰开斯特轰炸机1941年服役，配备了1460马力的劳斯莱斯“梅林-20”发动机。除了发动机功率和个别细节有所提高外，兰开斯特系列轰炸机并无改进，累计生产量达到7377架。

飞行中的兰开斯特

作为战时英国最大的战略轰炸机，以夜间空袭为主要作战手段，几乎包揽了全部重要的战役、战斗任务，以意外少的损失，赢得了巨大战果，为反法西斯事业作出了不可估量的贡献。

美国波音B-17轰炸机

波音B-17飞行堡垒也许是第二次世界大战中美国制造的最著名的重型轰炸机，它的声望远超过了生产数量更多的同胞：联合公司的B-24解放者。美国一共生产了12677架B-17，到1944年8月，美国陆军航空军至少已有33个B-17轰炸机大队部署在海外作战。

1943—1945年间USAAF在德国上空进行的规模庞大的白天精密轰炸作战中，B-17由于优异顽强的表现而声名大振。飞行堡垒具有优良的高空性能与出色的抗损能力，往往在遭到巨创后仍能继续飞行，在后期的型号中，装备了更强大的防御武器，所有这些使它赢得了机组的信赖与喜爱，他们相

广角镜

“孟菲斯美女”号

B－17 轰炸机中最有名的当属“孟菲斯美女”号，它执行过 25 次飞越德境轰炸的任务，期间换了 9 个发动机、两侧主翼、两个垂尾、两侧主轮及其他更多部件。她是好莱坞电影、新闻片、报纸、书籍和教材里的明星。1946 年 7 月 17 日退役，由位于俄亥俄州代顿附近赖特·彼得森空军基地的美国空军博物馆看护。

信 B－17 能在德军战斗机和高射炮的火网中生存下来，带领他们安全返回基地。

1935 年 7 月 28 日，Model 299 在西雅图首飞，试飞员是波音的莱斯利·R. 陶尔。相传一个见过 Model 299 试飞的记者在评论中使用了“飞行堡垒”这个词来描述这架外形庞大的家伙，于是“飞行堡垒”就流传了下来并成为 B－17 响当当的正式绰号。

B－25 轰炸机

B－25 在第二次世界大战的时候，主要是在太平洋战场发挥作用。虽然 B－25 的航程还是很短，但是猛烈地扫射使它成为一种令人生畏的武器也给予它以新生。

B－25 的机鼻里安装了 75 毫米机炮。第三轰炸大队用这种新型的船用加农炮射击运输船取得了很大的成功。一次，用 75 毫米机炮摧毁了一艘驱逐舰的射击指挥仪，使得军舰不能正常地进行射击。接着用 1000 磅（1 磅约为 0.45 千克）炸弹击沉了驱逐舰。因为 B－25 所进行的改型，B－25 有了一个新型

在前机身两侧加装机枪的 B－25C

号——“G”型。

“G”型拥有这件特殊用途的武器，它适合用来对付小型舰船、货船、建筑物等类似目标。飞机每次可以进行 3～4 回攻击。机炮是手动装填，在摇摇摆摆的飞机里这可是一个挑战。

1942 年 4 月 18 日，16 架 B－25B 离开了大黄蜂航母的甲板，直飞 700 英里（1 英里约为 1.61 千米）以外的目标——日本本土。在四个月以前，珍珠港被猛烈地轰炸之后，Francis Low 海军上尉筹划并执行了这次计划，使用美国空军双引擎中型轰炸机从海上起飞轰炸日本，然后降落在中国。吉米·杜立特陆军上校志愿负责这次空袭计划。

知识小链接

大黄蜂航母

大黄蜂（CV－8）航母是美国海军第 7 艘舰只。1934 年美国海军利用华盛顿海军条约规定的额度，建造两艘两万吨级航空母舰（称为约克城级）。与约克城级前两艘相比，舰体和航速稍有增大，同时加大了水面和水下防护。大黄蜂航母有 3 部升降机，开放式机库。于 1939 年 9 月开工，1940 年 11 月下水，1941 年 10 月正式服役。

他们发现中型轰炸机可以从航母上起飞（刚刚能起飞而已），但是它们不能够降落在航母上。这样飞机只能降落在中国内地基地。于是杜立召集志愿人员参加。1942 年 2 月 3 日，飞行员们成功试验了驾驶 B－25 从大黄蜂上起飞。为了轰炸做准备，他们多载了 1141 加仑（1 美加仑约为 3.79 开）的汽油，移除了机腹的机枪舱（后来移除了更多的机枪），把帚柄漆成黑的插在机尾假装尾部机枪。

2 月 2 日，16 架 B－25 停在甲板上，大黄蜂从旧金山起航，向目标地——离日本 400 英里的北太平洋驶去。但是他们在飞机的航程外遇到了日本的警戒船，于是不得不起飞。严格地来讲，从现有资料来看，这次空袭对 4 个日本城市：东京、神户、横滨和名古屋造成的损失很小。所有的飞机都不可能返回起飞时的航空母舰。11 名机组人员跳伞，4 架坠毁，一架迫降在苏联。多数的机组人员降落在中国。他们在中国抗日军民的帮助下，躲避过日本人的搜捕，最后逃回了美国。

但是这次轰炸对日本人士气的影响是不可估量的。另一个影响是，促使日本人发动夺取中途岛的计划。在这次战役中四艘日本航母被击沉，结束了日本在太平洋上的军事优势。

B－29 轰炸机

波音 B－29 超级空中堡垒是整第二次世界大战中最杰出的重型轰炸机，创下了多个轰炸机之最：载弹量 9 吨、航程 6000 千米，能在万米高空以 600 千米/小时速度巡航。

B－29 的研制是对当时航空科技的重大挑战，它是首架全部依靠遥控自卫武器并应用中央火控系统和全增压乘员舱的轰炸机。B－29 在第二次世界大战中是专门用于对付日本的武器，很好地完成了美国陆军航空军“让战火在敌国的领土上燃烧”的战略轰炸意图，摧毁了日本的战争基础，加速了太平洋战争的结束。也许今天人们提起 B－29，就会联想到在广岛和长崎上空爆炸的两枚原子弹。

拓展阅读

B－29 在中国战区

最先的作战计划，是以印度作为 B－29的后方基地，使用中国西南部的前进机场，对日本展开轰炸。由于中国沿海的港口已被日本占领，由中国至印度并无陆路可通。一切补给只能以极为昂贵，经过喜马拉雅山的驼峰空运来进行。首批 B－29 在 1944 年 4 月抵达印度，并在 4 月 24 日飞越驼峰，抵达中国四川成都专为 B－29 而建的机场。

因为轰炸机需要在高空打开炸弹舱投弹，所以采用全增压直通舱是不切实际的，波音决定只在驾驶舱和机身中段有人员的部位进行气密增压，形成前后独立的增压舱，增压舱之间由通过炸弹舱上方的气密管道相连，机组可以通过管道达到另一个气密舱，这个特点被以后波音所有的远程轰炸机设计所继承。

英国剑鱼攻击机

即使以 1939 年第二次世界大战爆发时的技术标准来看，剑鱼攻击机也是一架过时的飞机：老式的双翼结构，少得可怜的武备，敞开的座舱，仅仅 225 千米的时速，和 3260 米的最高升限，让它看上去和一战时的老爷飞机没有太大的分别。作为一架 1935 年正式完成的舰载攻击机，比两年后日本海军采用的 97 舰攻要整整落后了一个时代。而这正是这架老式飞机奇妙的地方。在英国皇家海军战争前期载入史册的几次重大军事行动中，剑鱼攻击机都扮演了重要的角色，用实际表现证明了它是一种非常有效的武器，随后一直活跃在大西洋战场的第一线直至第二次世界大战结束。

到 1938 年，英国皇家海军装备的所有其他类型鱼雷攻击机均被剑鱼攻击机替换。并给予它一个非正式的绰号“stringbag”（网兜）。

到战争结束为止，超过 13 个飞行中队先后列装了剑鱼攻击机。最后一个剑鱼攻击机中队于 1943 年 6 月成立，隶属于流亡英国的荷兰政府。同时也建立了约 20 个使用该飞机的训练中队。

剑鱼 Mk. I 浮筒型

一架标准的剑鱼攻击机有三名乘员：驾驶员、观察员、通讯员兼后座机枪手。这架双翼飞机除了起落架固定外，其机翼可以使用旋转机构向后部分旋转，以节约航母或巡洋舰上的宝贵空间。机首装备一挺

0.303 英寸（1 英寸约为 2.54 厘米）同步机枪，通讯员操作一挺同口径的后座机枪。一架剑鱼可以在机身下携带一枚 460 毫米口径，730 千克重的鱼雷，或者 680 千克的水雷，或 680 千克的深水炸弹。剑鱼 II 型和剑鱼 III 型可以在两翼下安装导轨，挂载额外的 8 枚 27 千克重的空射火箭弹。

早在 1938 年，当战争爆发的趋势越来越明朗时，英国海军内部就开始研究如何对付以塔兰托为基地的意大利舰队。当法国沦陷后，皇家海军在地中海的力量部署面临严重威胁，原先由英法舰队共同负责的地中海防务现在由英国舰队独力承担，形势大为恶化。随着意大利于 1940 年 6 月参战，地中海地区的海军力量对比严重失衡，英国皇家海军处境严峻。因此，旧的攻击塔兰托方案被撤销，取而代之的是一个全新的、划时代的作战方案——舰载航空兵突袭。

意大利舰队部署于塔兰托基地的主力包括 6 艘战列舰、5 艘巡洋舰和 20 艘驱逐舰。6 艘战列舰包括 2 艘新造的利托里奥级战列舰和 4 艘现代化改造后的加富尔级和杜里奥级。为了成功袭击位于锚地的意大利舰队，必须取得对每艘船的位置详细侦察资料，要求及时和准确的高质量情报。英国突袭舰队还必须尽量隐藏自己的行踪，以免被意大利人发觉他们的进攻目的。

为了减少损失和取得最大的突袭效果，袭击行动决定在夜间进行。所有剑鱼机组都在紧张进行精确的夜间进入攻击和脱离动作训练。行动原定于 10 月 21 日开始，但一些意外使行动推迟到 11 月 11 日。

在行动计划展开前几天，“鹰”号航母的燃油系统发生故障，于是上面的几架剑鱼转移到了“光辉”号航母上，届时将从埃及的亚历山大港出发。11 月 11 日，最新的空中侦察报告显示，塔兰托港内一共停泊 5 艘战列舰，以及 3 艘在反潜网范围内停泊的巡洋舰。第六艘战列舰被观测到于当日晚些时候回到塔兰托港内。

当晚 8 点整，“光辉”号航母和她的护航舰队抵达预定攻击位置，距港口约 270 千米。第一波攻击由 12 架剑鱼组成：其中 6 架各携带 1 枚鱼雷，4 架携带炸弹，2 架携带炸弹和照明弹。后座机枪手被取消，取而代之的是一个附加的增程油箱。

第一架剑鱼于晚 8 点 35 分起飞，9 点钟时，所有的第一波攻击的剑鱼已经在路上。晚11时，两架挂载照明弹的剑鱼离开编队，在2300米的高度投下两列照明弹，随后轰炸了港口的储油设施。攻击机群分成两个集群投入攻击，领航的长机被高炮击落，但随后对战列舰的攻击接连命中。

知识小链接

“光辉”号航母

“光辉”号航母是英国海军的主力战舰，1937年4月27日开工，1939年4月5日下水，1940年5月25日完工。装备有当时世界上最先进的预警雷达系统和完备的防空火力体系，有舰载侦察机、歼击机和轰炸机几十架。

在第一波攻击机群升空后半小时，第二波攻击机群也腾空而起。第二波的9架剑鱼中有5架携带鱼雷各1枚，2架挂载炸弹，另2架挂载照明弹和炸弹。其中1架因为机械故障不得不返航，但其他8架在午夜时分抵达，重复了第一波机群的精彩攻击，在照明弹的亮光下用致命的鱼雷“亲吻”无法移动的意大利战列舰。攻击中1架剑鱼被高炮击落。

所有的剑鱼（除了被击落的两架）全部于午夜3点钟前安全返回“光辉”号航母。两天后对塔兰托港的航空侦察显示，1艘加富尔级战列舰和1艘杜里奥级战列舰严重损伤而搁浅；1艘利托里奥级战列舰重伤；两艘驱逐舰和两艘巡洋舰严重受损，并击沉了两艘燃料补给船。

这是一场精彩的突袭，沉重打击了意大利舰队，使其再不能对地中海的英国舰队形成重大威胁。残余的意大利舰队仓皇北撤，自此被踢出了地中海战场。奇袭塔兰托的胜利引起了一个遥远的东方国家的密切关注，日本海军下令日本驻英使馆全力搜集和这场胜利相关的一切资料，随后在1941年12月7日上演了另一个放大版的奇袭塔兰托：偷袭珍珠港。

尽管剑鱼攻击机随后继续活跃于地中海和中东战场，但其下一个永载史册的任务，则是围歼第三帝国最强大战列舰——俾斯麦号。1941年5月3日，俾斯麦号被侦察到正通过格陵兰和冰岛之间的海峡向西行驶，英国皇家海军舰队迅速动员起来实施拦截。

5 月 24 日，新下水的“胜利”号航母于早上 10 点起飞了 9 架剑鱼对俾斯麦号进行攻击，但由于天气情况过于恶劣，仅确认 1 次鱼雷命中。俾斯麦号脱离了皇家海军的侦搜范围，直到 5 月 26 日才重新被海岸防卫司令部的“卡特林娜”水上飞机发现其踪迹。当日“皇家方舟”号起飞了 15 架剑鱼实施攻击，却误中了皇家海军的“谢菲尔德”巡洋舰。不过另一个哭笑不得的问题却挽回了这次失误：投放的鱼雷使用磁性感应引信，而这种引信是经常失效的，这次也不例外。结果“谢菲尔德”号甚至连皮都没有擦破。

没有时间来指责这种令人哭笑不得的引信，第二波的 15 架剑鱼紧接着再度出动——挂装的鱼雷全部换成触发引信。随后的攻击中观测到两次命中俾斯麦号，一发并未造成损害，但另一发击中了其轮舵装置舱，使俾斯麦号开始在海上打转。

行动中没有一架剑鱼损失，后来一名俾斯麦号幸存的德国军官回忆道：“无法想象这种老式缓慢的双翼机竟然顽强地袭击俾斯麦号这艘高炮如林的战舰。”俾斯麦号在第二天被皇家海军的战列舰火力送进了海底。

斯图卡俯冲轰炸机

Ju87 斯图卡俯冲轰炸机在 1938 年服役，1938 年一年就生产了 950 架。

第二次世界大战开始之前，德国空军已经装备了 9 个俯冲轰炸机团，共 350 架。斯图卡轰炸机有一个非常显著的特点，它的机头冷却进气口装有一个发声装置。这让斯图卡在俯冲时能够发出一种极为尖锐的声音，以制造一种恐怖心理，摧毁敌人士气。

斯图卡俯冲轰炸机

1939 年 9 月 1 日，德军撕毁日内瓦协议，全面进攻波兰。第二次世界大战全面爆发。整个会战中，德军出动了200多架斯图卡轰炸机攻击波兰重要据点和保护德国的突进机械化部队。其中140架Ju87对华沙市附近的桥梁、炮兵阵地、街道和铁路进行了大规模准确的轰炸，摧毁了波兰人的精心修筑的大量坚固据点。失去了这些据点，迫使华沙10多万波兰守军投降。9月16日，斯图卡袭击了布祖拉河两岸的许多渡口，当场击沉了海尔港内1540吨的“韦佛尔”号驱逐舰及“克里夫”号布雷舰。9月9日，15万波兰军队终于会合到一起，它们向波兹南的德军发动大举进攻。但是此时德军的空军联络小分队已经和巡航的斯图卡联络上，冲锋的波兰人还没有遇到德军的地面部队就遭到大批斯图卡的轰炸。波兰人历史上从来没有遇到过这种规模的轰炸，斯图卡尖利的啸声、密集的炸弹摧毁了波兰人的意志。连久经战阵的老兵也露出绝望的眼神，波兰部队随即溃散了。

波兰战役结束，整个战役中斯图卡只损失了38架，大约占参战斯图卡总数的10%（这个数字少于德国空军的平均战损——18%）。由于波兰空军主力的80%在开战1周内就失去战斗，而且波兰军队也缺少足够的防空武器，斯图卡的一些缺点被掩饰了。但这在之后的战役中集中爆发出来！

广角镜

世界上首架俯冲轰炸机

英国皇家空军曾试制了世界上第一架俯冲轰炸机—SE5a，但由于在试验中被模拟对空炮火打得“千疮百孔”，因此宣布失败，没有继续进行研究。英国人并不知道当时低劣的技术条件是失败的主要原因，而随着第一次世界大战后飞行科技的大幅度改进，俯冲轰炸机将有机会证明它的价值。

1940年丹麦和挪威争夺战中，斯图卡仍然十分出色，除了用精确的投弹支援德国步兵以外，斯图卡R型还从成功封锁了海岸线，切断了英国远征军对这两国的支援。

斯图卡击沉了1艘英国巡洋舰，重创2艘挪威战舰，还击沉了几艘英国远征军的运输舰，阻碍了英国人增援步伐。

之前的低地国家的战斗中，斯图卡配合德军伞兵部队迅速占领了这些国家的很多重要据点。斯图卡对荷兰城区的轰炸，还导致了荷兰政府的投降。

斯图卡的很多问题在法兰西战役中集中体现出来。

首先，斯图卡的速度很慢，机动性很差。如果没有足够的己方战斗机保护，在敌方的战斗机攻击下，斯图卡打不过又逃不掉。其次，斯图卡的机身较为脆弱，关键部位没有装甲保护。如果遭遇到敌军防空火力和敌军战斗机的袭击，很容易战损。最后，斯图卡的航程较短，需要占领敌军的机场予以使用，这在战时并不容易。在大不列颠战役中，斯图卡就因此吃了大亏。会战一开始336架Ju87B参与对英国的轰炸。但是德军主力Bf109战斗机的航程太短，无法全程保护轰炸机。在英国上空斯图卡经常在没有护航的情况下遭遇英国机动性极强的喷火式和飓风式战斗机的打击。斯图卡根本无法对付，曾经在一天之内被击落30架。为了避免更重大的损失，德军停止了使用斯图卡轰炸英国。

Ju87DD型是斯图卡的最终版本，也是最完美的型号。它是在Ju87B的基础上，根据法兰西战役和大不列颠战役的教训进行的最终改进型。它主要针对斯图卡的三个主要缺陷：航程短、空战能力差和对地空武器防御能力差进行了完善。采用新式的1400马力的尤莫211J型引擎。全新的引擎让飞机时速提高到400千米以上，航程扩大到1200千米，载弹量也增加到1800千克(载弹量相当于一般的轻型中空轰炸机了)。为了提高空战能力，在后舱换装了一挺双联装MG17机枪，增加了飞机的自卫能力。为提高对地面武器的防御能力，在关键部位加装了重达1000千克的装甲。这种设计使得飞机在俯冲的时候可以承受机枪和小口径火炮的打击。D型除了保留斯图卡系列差劲的机动性能以外，整体作战能力比B型提高了一倍左右。整个D型作为斯图卡的主力机型，第二次世界大战期间一共生产了3000架。

装备反坦克炮的Ju87G

Ju87G型是斯图卡系列的反坦克型，它的最大特点就是机翼两侧改装两门37毫米Flak18型长管反坦克炮，配有24枚钨芯穿甲弹，初速高、穿透力强，火力十分强大。该飞机1943年改装成功，在1943年的库尔斯克会战开始大量使用。其实这也是德军无奈的举动。德国在进攻苏联以后很快发现自己的主力坦克都无法和苏联主力坦克T 34对抗。

基本小知识

反坦克炮

反坦克炮是主要用于毁伤坦克及其他装甲目标的火炮。它初速高、直射距离远、射速快、射角范围小、火线高度低，是重要的地面直瞄反坦克武器。配用的弹种有破甲弹、穿甲弹和碎甲弹等。按炮膛结构分为滑膛式和线膛式；按机动方式分为牵引式和自行式。轻型反坦克炮还可用飞机、直升机空运。

传统的斯图卡的反坦克作战，都是以近距离投掷炸弹，用破片将坦克摧毁。这对于英法装甲薄弱但是机动性强的坦克很有效，但是很难破坏装甲厚重的苏联坦克。曾经有过30架斯图卡空袭一支集结的苏联坦克部队，结果斯图卡投出了全部的炸弹，只摧毁了一辆坦克。

相比起来，如果使用坦克炮从上面攻击坦克最为脆弱的顶部装甲，作战的效果要好得多。对于一个有经验的斯图卡G型的飞行员，只用一两发炮弹就可以摧毁一辆坦克。在Ju87G服役的期间，击毁了数千辆苏联各种坦克，很大程度上帮助德国人抵抗了红色装甲的洪流。

B－52“同温层堡垒”战略轰炸机

B－52是美国空军的亚音速远程战略轰炸机，主要用于执行远程常规轰炸和核轰炸任务。1948年10月开始设计，1952年第一架原型机首飞，1955年6月生产型B－52B开始装备部队，先后发展了A、B、C、D、E、F、G和H等8型。B－52于1962年10月停产，共生产744架。现在B－52和B－

美制 B－52“同温层堡垒”战略轰炸机

1B、B－2 轰炸机一起共同组成美国空军的战略轰炸机部队。

1954 年 5 月，美国驻莫斯科大使馆武官查尔斯·泰勒观看苏联红场阅兵时，发现苏联数百架神秘的喷气式轰炸机一个编队接一个编队通过红场上空，而护航的米格－17 战斗机伴随在轰炸机左右，犹如小蜻蜓。

五角大楼立即启动了所有的情报侦察手段，查明那是苏联米亚西舍夫设计局最新设计的米亚－4“野牛”战略轰炸机。美苏之间出现了事实上的“轰炸机差距”。苏联阅兵后不到 1 周，美国战略空军司令部决定采取行动，以查明苏联人到底部署了多少架“野牛”。

1954 年 5 月 8 日早 7 时，美国战略空军第九十一侦察联队驻英国费尔福德皇家空军基地的一架 RB－47E 侦察机对苏联基地展开侦察。事后，美国声称RB－47E带回了极有价值的情报，有了这些情报，美国人就有了发展新型战略轰炸机的理由。

B－52“同温层堡垒”战略轰炸机作为对苏联“野牛”机群的制衡力量迅速出现在美军序列中。

但美国人没想到的是，B－52 的对手纯粹是子虚乌有，“野牛”确实研制出来了，但数量不多，阅兵式飞越红场时它们不断变换队形，反复飞过红场上空，制造了飞机满天的假象。

美制 B－52“同温层堡垒”战略轰炸机

B－52 载弹量非常大，可携带 31500 千克各型核弹和常规弹药。核弹有空射巡航导弹、斯拉姆导弹、高级巡航导弹、航空核弹。多种常规弹药以及联合直接攻击弹药、风力修正弹药布撒器等精确制导弹药、AGM－84 鱼叉、AGM－86C 空射巡航导弹、AGM－142 突眼、联合空地防区外武器等。

为了在美国战略要求和军费收缩中取得平衡，美国对 B－52H 战略轰炸机进行了多次改进。近年为使其能在 21 世纪之初继续保持战斗力，或使其能够多服役 40 年左右，美空军计划进一步对该飞机进行改进。

B－52 的主要作战任务一般包括常规战略轰炸、常规战役战术轰炸和支援海上作战。轰炸攻击范围大，空中加油后可飞抵地球任何一点轰炸。作战使用灵活，可挂载各种常规炸弹和精确弹药飞临目标上空实施轰炸，又可在离目标 1000 千米以外处发射空射巡航导弹对目标打击。飞机自身没有隐形能力，在攻击设防目标时需要大量飞机护航或支援。

B－52 的作战方式在几十年内经历了巨大的转变。从最初的高空高亚音速突防核轰炸，到越战时的中高空地毯式常规轰炸，再到 80 年代的低空突防常规轰炸，以及 80 年代开始的战略巡航导弹平台概念，体现了军事航空技术的发展和变革。自 90 年代起，美国为 B－52 增加了使用 JDAM 等先进廉价制导武器的能力，使得 B－52 的作战能力倍增。到了阿富汗反恐怖战争期间，为对付大量的低价值面目标，B－52 重执地毯式轰炸方式，但辅助以地面特种部队的精确定位和实时通报，有效地打击了原本难以压制的塔利班地面部队。

B－52 可以从本土基地起飞，进行长途奔袭，也可从前沿基地如关岛的安德逊空军基地、迪戈加西亚和英国的费尔福德空军基地起飞，对目标进行打击。

在越南战争中，B—52 是大面积轰炸的主要工具，曾对越南南北方目标以及老挝、柬埔寨等地区目标进行过 126615 架次轰炸（1965 年 8 月—1973 年 1 月 15 日），投弹量为 250 万吨。

在整个越南战争中，B—52 出动量占各种作战飞机总量的十分之一不到，但却投下近二分之一的炸弹重量（300 多万吨）。在作战全期，有 17 架 B－52 被北方地空导弹或战斗机击落，另有 12 架非战斗损失。

知识小链接

越南战争

越南战争（1961—1973）简称越战，又称第二次印度支那战争，为越南共和国（南越）及美国对抗共产主义的越南民主共和国及“越南南方民族解放阵线”（又称越共）的一场战争。越战是第二次世界大战以后美国参战人数最多、影响最重大的战争。

海湾战争中，在第一天清早的攻击中，B－52从距离伊拉克4000千米处的迪戈加西亚起飞，打击伊拉克前沿基地和跑道，有时候B－52在400英尺（1英尺约为30.48厘米）的空中掠过，投下集束炸弹，瘫痪和摧毁了4个机场和临时的高速公路着陆带。几个小时后从巴克斯代尔起飞向伊拉克的目标首次发射常规空射型巡航导弹后返回巴克斯代尔，这7架B－52G在这次任务中，共经过35小时的飞行，航程达22400千米。B－52的不间断轰炸成为一种强大的精神武器。

在海湾战争中，B－52共飞行了1624个任务，投施72000枚弹药，总25700吨，占美国投空弹药总量的29%，空军投放弹药总量的38%。B－52所投炸弹震天动地的巨大爆炸声，使伊拉克军队晕头转向，大大削弱了伊军的士气和战斗力。

1996年9月2日，巴克斯代尔的两架B－52H在代号为“沙漠之狐”的空中打击行动中从关岛起飞，投下13枚常规空射型巡航导弹后，未停留后返回关岛。此次任务飞行了34小时，航程近256000千米。

在科索沃战争中，美军大量使用B－52H投掷面积杀伤武器，攻击南斯拉夫大型目标，使许多机场、工业区等遭到巨大破坏。

自2001年10月7日开始对塔利班和基地组织进行打击以来，以B－52为首的战略轰炸机起了极大作用。美国从陆地空军基地出动的战术战斗机，包括F－14、F－15和F－16的投弹量仅占总投弹量的5%；与此相比，从航母上出动的战术飞机使用率高（占整个出动架次的75%），但其投弹量也只占总投弹量的25%。战术战斗机载弹量有限，相比之下，B－1、B－2、

B－52的载弹量大，尽管其出动架次只占空袭行动的10%，但其投弹量则占总投弹量的70%。依靠战略轰炸机，美国不仅仅可从数百英里外的空军基地或航空母舰出动飞机来实施打击任务，更可从本土以远程轰炸机发起攻击，且一次比一次攻击的效果更大。

2003年3月起，B－52参与了伊拉克战争的猛烈空袭，攻击的目标是总统官邸、通信指挥机构和地空导弹发射场，同时对伊拉克周围的共和国卫队阵地，进行了“地毯式轰炸”。在这次战场上出现的地毯式轰炸，从当时的电视画面上可以看到，同样是由B－52战略轰炸机实施，只不过所用的武器已经不再是单一的非制导常规炸弹，而是新型制导炸弹和老式常规炸弹混合的轰炸武器。

从英国的费尔福德基地和印度洋上的迪亚戈·加西亚美国空军基地起飞的B－52H战略轰炸机，混合携带JDAM制导炸弹、CBU－105等制导子母炸弹和非制导常规炸弹，对巴格达四周以及马苏尔和基尔库克北部的伊拉克地面部队阵地，以长连投方式首次同时实施系统的、大规模的地毯式轰炸。

由于这些新型精确制导炸弹具有很高的命中精度，B－52战略轰炸机实施的高空地毯式轰炸，不仅会有效毁伤伊军阵地上的武器装备和人员，而且对伊军士兵有相当大的心理震撼作用。

图－16轰炸机

图－16是苏联图波列夫设计局为苏联空军设计的双发高亚音速中程轰炸机，是根据能对西欧北大西洋公约组织成员国的重要军事目标进行战略轰炸的要求而设计的。性能和尺寸大致和美国的B－47，英国的“勇士”、“胜利者”和“火神”轰炸机相当。

图－16轰炸机

你知道吗

何谓战略轰炸机

战略轰炸机一般是指用来执行战略任务的中、远程轰炸机。它是战略核力量的重要组成部分，是大当量核武器的主要运载工具之一。它既能带核弹，也能带常规炸弹；既可以近距离投放核炸弹，又可远距离发射巡航导弹，既可做战略进攻武器使用，在必要时也遂行战术轰炸任务，支援陆、海军作战。

图－16于1950年开始研制，设计编号为图－88。1952年首次试飞，1955年交付使用。图－16为服役编号。该机大约生产了2000架，1966年开始退役，到1992年仍在服役的各型图－16为63架左右。图－16的北约绰号为“獾”。

图－95轰炸机

Tu－95轰炸机北约代号为熊，由苏联图波列夫设计局研制，是目前全世界唯一仍服役中的大型四涡轮螺旋桨发动机的远程战略轰炸机、空射导弹发射平台、海上侦察机以及军用客机。Tu－95在冷战期间大量服役于苏联空军和苏联海军航空队，苏联海军航空队使用的机型改称Tu－142。

图－95轰炸机

从历史的角度来看，从苏联空军开始到现在的俄罗斯空军，机种机型已经更换了不少，唯有轰炸机仍使用 Tu－95 没有改变；它的“长寿”原因有几项：一是因为它的体积与滞空能力形成多种不同的功能性。以轰炸机的角度而言，Tu－95 就像是美国空军的 B－52 轰炸机；稍微修改便又可做不同功能用途，而不像 B－52 轰炸机的用途有单一化的情形，可以作为运输机、轰炸机、侦察机，甚至是军用客机。不过 Tu－95 原本的用途就是作为战略上核武器投掷的平台，之后再衍生出成为其他功能与用途的载具。

Tu－95 的研发始于 20 世纪 50 年代，其原因是为了取代 Tu－4，以及 Tu－80（进化版的 Tu－4），甚至更大型的 Tu－85（Tu－4 的精装版）均不足以符合轰炸任务的毁灭/杀伤要求，尤其 Tu－85 还无法与美国空军当时的全天候轰炸机相较长短，因此苏联空军高层在 1950 年对图波列夫设计局与米亚西舍立夫设计局提出下列要求：

1. 轰炸机必须在不重复落地加油的情形下至少要具备 8000 千米的航程，要能够威胁打击到美国境内的重点目标。

2. 轰炸机必须至少能携载 11000 千克的武器并且将它们倾倒在敌人的头上。

这个看似简单的要求对图波列夫设计局唯一的难题就是发动机。第一代的涡轮喷气发动机不是没有列入考虑，不过其巨大的油耗远比不上涡轮螺旋桨发动机能提供更远的航程。压力随之而来的是普惠公司已经成功地研发出 J－57 发动机，这使得当时仍在研发中的 B－52 同温层堡垒轰炸机成为实现的可能。苏联的武器都具备这样的特性，就是外形简单实用至上。

Tu－95 发动机特写

Tu－95 的首次对外公开展示是在 1955 年 7 月在图西诺机场举行的航空展，起初美国国防部对 Tu－95 并不重视，估计其极速为 644 千米/时，航程

12500 千米。这错误的推算数据一直维持到 1985 年才修正为：25000 磅负载时最大航程为 14800 千米。

苏联解体后，乌克兰曾接收约 70 架原属苏联空军的 Tu－95 系列机，但现已全部退役。而俄罗斯空军接收的 Tu－95 系列机到 2007 年时仍在服役，预计将持续服役至 2040 年。

最大的远程战略轰炸机

Tu－160（北约代号："海盗旗"）是苏联图波列夫设计局研制的可变后掠翼超音速远程战略轰炸机，用于替换 Tu－22M 逆火战略轰炸机和 Tu－95 轰炸机执行战略轰炸任务。

Tu－160 可变后掠翼超音速远程战略轰炸机

它非常类似于美国空军 B－1 枪骑兵轰炸机，它是苏联解体前最后一个战略轰炸机计划，同时是有史以来制造的最重的轰炸机，目前仍在生产，大约有 16 架正在俄罗斯空军服役。

Tu－160"海盗旗"被它的驾驶员昵称为"白天鹅"，这不仅仅是因为它惊人的操控性能，也是它表面采用无光泽白色迷彩涂料的原因。

由于美国空军从 1970 年提出关于 B－1A 轰炸机的需求计划，因此苏联空军在 1972 年针对这一项需求提出类似的相关计划，包括一样必须是超音速飞行，可变后掠翼，以及航速能够达到 2.3 马赫的机种，以用于对抗美国空军的战略优势。图波列夫设计局混合了 160M 飞机加长主翼的设置与 Tu－144 的机身概念，然后再与麦雅希熙契夫设计局 M－18 以及苏霍伊 T－4 侦察机进行比对；“海盗旗”的血统从此可以确定它是一个多重父母的混血儿，它的可变后掠翼来自 M－18，而 M－18 的后掠翼又是苏联公认最成功的设计，而图波列夫设计局相中这一点的就是在航空动力学上无穷的潜力。企划案提出后的次年，在 Tu－22M 首次试飞后，图波列夫局被指派以麦雅希熙契夫局的设计进行发展研究。

1987 年 5 月，Tu－160 开始进入部队服役，1988 年形成初始作战能力。Tu－160 的作战方式以高空亚音速巡航、低空亚音速或高空超音速突袭为主，在高空时可发射长程巡航导弹在敌人防空网外进行攻击；担任防空压制任务时，可以发射短距离飞弹。此外，该机还可以低空突袭，用核子弹头的炸弹或是发射导弹攻击重要目标。

1989 年，美丽优雅又威力十足的“白天鹅”终于出现在苏联大众面前，而 1989 年到 1990 年也是 Tu－160 最忙的一年，该年它忙着以自身的重量等级打破 44 项世界飞行纪录。1995 年的巴黎航展上，西方世界第一次能够近距离观察到 Tu－160。

与美国的 B－1 枪骑兵轰炸机相比，Tu－160 飞的比枪骑兵快 80%、比枪骑兵大上将近 35%、航程比枪骑兵多出将近 45%，它的可变后掠翼内收时呈 20 度角，全展时呈 65 度角；图波列夫局的设计师在它的襟翼后缘上加上双重稳流翼，这样可以减少翼面上表面与空气接触的面积，降低阻力。

基本小知识

图波列夫

图波列夫（1888—1972），苏联乃至世界著名的飞机设计师、科学院院士、空军中将，是图波列夫设计院的创始人。一生中曾直接参与或领导下设计的飞机不下百余种，其中包括运输机、歼击机、轰炸机、强击机、侦察机和水上飞机等，他功勋卓著，是苏联早期飞机设计的奠基人之一。

Tu－160 有两个弹舱，每一个弹舱都能够携带 20000 千克自由落体式炸弹（以传统 250 千克炸弹来说，Tu－160 就能够携带 FAB－250 炸弹 176 枚，比

B－29 超级堡垒轰炸机多 4 倍，比 B－52 同温层堡垒轰炸机多 46%，比 B－1 枪骑兵轰炸机多 17%)），或者是以滚转式弹舱发射核武导弹。如果 B－1B 愿意牺牲操控与匿踪性能加上外挂武器的话，B－1B 的载重量可达 61000 千克，然而 Tu－160 也加上外挂弹药的话，还是比 B－1B 多携载 39% 的炸弹（Tu－160 外挂载量可达 45000 千克）。所以说目前全世界最大的重轰炸机宝座非属 Tu－160 不可。

Tu－160 也是苏联自第二次世界大战以后第一架“无武装”的轰炸机，亦即它没有自我防卫的武器（Tu－22M 逆火战略轰炸机以及 Tu－95 轰炸机的机尾还有单座单/双管 23 毫米机炮）。

军用运输机

军用运输机是用于运送军事人员、武器装备和其他军用物资的飞机。具有较大的载重量和续航能力，能实施空运、空降、空投，保障地面部队从空中实施快速机动；它有较完善的通信、领航设备，能在昼夜复杂气象条件下飞行。有些军用运输机还装有自卫武器。有的具有短距起落性能，能在简易机场起落。

军用运输机按运输能力分为战略运输机和战术运输机。战略运输机航程远，载重量大，主要用来运载部队和各种重型装备实施快速机动。战术运输机用于战役战术范围内遂行空运任务。

C－17“环球空中霸王Ⅲ”

C－17“环球空中霸王Ⅲ”是麦道公司（现并入波音公司）为美国空军研制的一种采用上单翼、四发、T形尾、带后卸货扳的新型运输机。机身长53米，机高16.8米，翼展503米，外形尺寸与C－141相当。最大起飞重量263吨，最大载荷为150吨。机上带75.8吨载荷时，C－17可从2320米长的跑道起飞，然后在915米长的简易跑道上着陆。该机性能先进，装备部队后在多次局部战争中表现出了极佳的作战能力。由于美军不再订购新的C－17，而外国客户的订购数量不足，C－17的生产线面临关闭的危险。波音公司正努力谋求更多国内外订单，以维持生产线的生存。

基本小知识

麦道公司

麦克唐纳－道格拉斯公司，简称麦道公司，是美国制造飞机和导弹的大垄断企业。1939年由詹姆斯·麦克唐纳创办，称麦克唐纳飞机公司。1967年兼并道格拉斯飞机公司，改为麦道公司。总部设在密苏里州的圣路易斯。1996年12月15日麦道公司并入波音公司。

C－17采用大型运输机常规布局。机翼为悬臂式上单翼，前缘后掠角25度，NASA翼梢小翼高2.90米。悬臂式T形尾翼。垂直安定面与机身连接处向前伸有小背鳍，嵌入式方向舵分为上、下两段，升降舵分为两段。液压可收放前三点式起落架，可靠重力应急自由放下。前起落架为双轮，主起落架为六轮。前起落架向前收入机身，主起落架旋转90度向里收入机身两侧整流罩内。可在铺设与未铺设的跑道上使用。起落架装有碳刹车装置。

C－17刚一出现就凭借先进性能，创造了许多世界航空纪录。C－17运输机曾在1993—1994年在货运类别中22次创造了爬高和速度纪录，这次又刷新了这两项纪录并创造了11项新纪录。2001年底，C－17在美国爱德华兹空军基地创造了13项航空新纪录。创造的主要纪录是：装载1000～40000千克有效载荷达到最大高度；无有效载荷达到最大高度；装载最大有效载荷飞到2000米；无有效载荷、稳定持久平飞达到最大高度。

C－17容战略和战术空运能力于一身。按能在货舱中两排布置6辆卡车的要求，货舱宽度为5.48米，长26.82米，高3.76米。吉普车可3辆并列，也可装运3架AH－64攻击直升机。各种被空运的车辆可直接开入舱内。机舱中心线和机舱两壁可装折叠式座椅。空投能力包括空投27215～49895千克货物，或空降102名伞兵。为了装载陆军最重的装备——55吨重的M1主战坦克，货舱地板由铝合金纵梁加强，达到了60吨的最高承载能力。

C－2A“灰狗”

C－2A“灰狗”是美国海军航空母舰舰载运输飞机，进行海岸设备和海上航母打击大队的人员、后勤物资和邮件的重要运输。

C－2A（R）飞机能够运送重达4536千克的货物飞行超过1852千米。19架C－2A最初在20世纪60年代开始采购，并于1987年逐步被淘汰。39架新生产型的替代C－2A（R）飞机在20世纪80年代采购，如今现役还保有35架，该型飞机进行重大的机身和航空电子设备的改进。两个舰队后备中队，每个海岸各一个。这两个中队还在每个航空母舰上部署了两架C－2A飞机的分队。

美国海军C－2A飞机

C－130“大力士”

C－130“大力士”中型战术运输机，由美国洛克希德飞机公司制造。1951年开始设计，1954年8月原型机首次试飞，1956年12月生产型开始交付美国空军使用。可以服务于战区内外的空运行动。

C－130 大力士飞机

C－130可在前线简易机场跑道上起落，向战场运送或空投军事人员和装备，返航时可用于撤退伤员。改型后用于执行各种任务。C－130能够进行昼夜和不良天候下的行动，为作战部队提供快速后勤支援。货物运输可以通过伞降、低空伞降系统或者着陆来完成。作为一个战术运输平台，它可以装载92名地面部队或者64名伞兵和装备。它也可以作为医疗撤退平台，能够装载74名伤患和服务人员。

C－130是持续生产时间最长的战术运输机。已发展了三

趣味点击 洛克希德公司的“臭鼬工厂”

洛克西德公司创建于1912年，是美国一家主要航空航天公司。1943年，洛克西德设计美国空军第一种服役的喷射战斗机P－80。这种飞机由其被戏称为“臭鼬工厂”的高级开发部开发。后来臭鼬工厂还设计了U－2，SR－71黑鸟和F－117。臭鼬工厂通常能够在有限的时间和有限的资源下，突破技术上的限制，推出极为令人惊讶的飞机。

十多种型别，除用于运输的基本型外，还发展出用于试验研究、南极空运、军援出口、武装攻击、用于发射和控制靶机、电子监视、空中指挥、控制和通讯的型别；此外还有搜索救援和回收型、空中加油型、特种任务型、气象探测型、海上巡逻型，此外还有大量民用型别。

美国 C－130E“大力神”战术运输机

C－5 银河运输机

C－5 银河运输机是美国现役最大的战略运输机，它能够在全球范围内运载超大规格的货物并在相对较短的距离里起飞和降落。地面工作人员可以同时在 C－5 的前后舱门进行装载和卸载。

C－5 银河运输机

安－12运输机

安－12，北约代号“幼狐”，苏联安东诺夫设计局研制的一种四发涡桨军用运输机，由安－10民用机发展而来。安－12原型机于1957年3月首飞。定型生产超过900架，军用、民用均有涉及，1973年停产。

安－12BP于1959年进入苏军服役。其规格、尺寸、性能与同时期的美国C－130大力神运输机非常相似，被视为其对应版本。20世纪60年代，中国从苏联购买了若干架安－12运输机，并计划在国内设置生产线。但随后中苏关系急剧恶化，苏联撤出技术援助，计划未能成行。直到1975年，中国在其基础上仿制的运输机首飞成功，改变了这一状况。到1981年，中国已经完全具备独立制造安－12的能力，并已经以“运－8”为投产的运输机命名，此后，运－8的发展逐渐跳出安－12的框架，并发展出独立的衍生型号和改进型号。

基本小知识

安东诺夫设计局

安东诺夫设计局创建于1946年，它是以著名飞机设计家安东诺夫名字命名的设计局。安东诺夫是苏联著名的滑翔机和飞机设计家，他曾设计过多达50余种的滑翔机，奠定了苏联滑翔机事业基础。安东诺夫后期转为设计运输机，在以他的名字命名的设计局领导设计了多种运输机和滑翔机。

安－22远程重型军用运输机

安－22是苏联安东诺夫设计局研制的远程重型军用运输机，是世界上最大的涡轮螺旋桨飞机。主要用于运送部队和大尺寸、大重量的军事装备。可在边远地区的简易机场起落。

安－22 远程重型军用运输机

1962 年安东诺夫设计局开始设计，原型机于 1965 年 2 月 27 日首次试飞，当年首次在航展上公开亮相。1967 年末开始交付使用，1974 年停产。共生产 85 架，其中空军 50 架，民航 35 架。该机创造了多个飞行世界纪录。

安－22 货舱容积 640 立方米，可运载地空导弹、火箭发射车、导弹运输车、坦克、汽车等。驾驶舱内乘员 5～6 人，驾驶舱后面有一个与主货舱隔开的可容纳 28～29 名乘客的机舱。

安－22 投入服役时，是苏联唯一可运载 T－62 坦克的运输机，可载重 80 吨飞行 5000 千米。货舱容积 639 立方米，除可运载 T－62 坦克外，还可运载“飞毛腿”导弹、火箭发射车、导弹运输车、桥梁、汽车等重型军事装备。苏联曾使用安－22 执行战略空运任务，飞往西半球、非洲和中东，在出兵前捷克斯洛伐克及阿富汗时所使用的主要运输机是安－22。

你知道吗

“飞毛腿”导弹名称的由来

“飞毛腿”导弹是一个已经被大众接受了的词汇，指苏联在冷战时期开发并被广泛出口的一系列的战术弹道导弹。这个名称是西方的情报局将“飞毛腿”这个词与一种导弹联系起来的。这种导弹的俄国名字是 R－11 和 R－300。飞毛腿这个名字被媒体等不止用作这两种导弹，而且还指别的国家根据苏联原型广泛发展的许多种导弹。

安－22 曾多次创造世界飞行纪录。1967 年 10 月 26 日，创造了 14 项有效载重－高度飞行纪录。由于安－22 的经济性和安全性不好，订货不多，只生产 85 架就停产了。安东诺夫设计局 60 年代末曾试图将安－22 机身加长，改型成双层客舱的民用客机，载700名乘员，但由于技术难度大，又没有适用的大功率发动机，所以这项计划未能实现。

伊尔－76“耿直”式中远程大型运输机

伊尔－76“耿直”式中远程大型运输机，是苏联伊柳申设计局研制的一种大型运输机。

1971年3月试飞，1975年服役。乘员7人，动力为Л－30КД涡扇式发动机4X12000千克推力，翼展50.45米，机长49.59，机高14.76米，最大时速850千米，巡航时速750～800千米。巡航高度9000～12000米，实用升限15500米，航程5000千米。最大起飞重量170吨，载运量40吨或150名士兵，可载运各种装甲车辆、高炮或防空导弹。有近10种类别。

知识小链接

涡扇发动机

涡扇发动机是飞机发动机的一种，由涡轮喷气发动机发展而成。与涡轮喷气比较，主要特点是首级压缩机的面积大很多，同时被用作为空气螺旋桨（扇），将部分吸入的空气通过喷射引擎的外围向后推。发动机核心部分空气经过的部分称为内涵道，仅有风扇空气经过的核心机外侧部分称为外涵道。涡扇引擎最适合飞行速度400～1000千米时使用，因此现在多数的飞机引擎都采用涡扇作为动力来源。

伊尔－76还可执行伞降任务，空投货物或经妥善包装的军用车辆。其最大载重量约40吨，可空投1个连的伞兵，或3辆伞兵战车。

60年代末，由于苏联军事空运主力机型——安－12已经显得载重小和航程不足，苏联为了提高其军事空运能力，决定研制一种近似于类似于美国C－141重型运输机的运输机。第一架伊尔－76原型机于1971年3月25日在

中国空军的伊尔－76运输机

莫斯科中央机场首次试飞，同年5月27日在第29届巴黎国际航空博览会上公开展出。1974年由苏联空军航空运输司令部进行验收鉴定，认为飞机达到要求。试飞持续到1975年结束，尔后投入批量生产并交付部队和民航。到1992年初，共生产700多架，年产量在50架以上。除俄罗斯空军和民航使用数百架伊尔－76运输机外，还有100多架出口到世界上很多国家，如阿尔及利亚、伊朗、英国、叙利亚、印度、捷克斯洛伐克、波兰、伊拉克、利比亚、阿富汗、古巴和中国等。

安－225式重型运输机

安－225是苏联安东诺夫设计局（现为乌克兰安东诺夫航空科学技术联合体）研制的世界上最大的六发涡轮风扇式重型运输机，用于在飞机外部装运航天飞机、火箭发射器部件和其他大型货物。1985年中期开始设计研究，1988年12月21日原型机首次飞行。1989年5月13日首次作了背负“暴风雪”号航天飞机的飞行。至今只生产了1架飞机。

安－225式重型运输机

90年代末，由安东诺夫航空科学技术联合体以及乌克兰

Motor－Sych 公司共同改装这架，以符合国际航空标准，改装计划耗资2000 万美元。于 2001 年 5 月试航成功。

安－225 运输机机身采用普通半硬壳式轻合金结构。最大起飞重量 600 吨，最大商载（内部载货或外部载货）250 吨，最大载油量超过 300 吨。最大巡航速度 850 千米/时，航程（内部载货 200 吨）4500 千米，最大燃油量航程 15400 千米。驾驶舱内 6 名空勤人员。机翼中央段后底层货舱上方为运载 60～70 名人员的客舱。底舱从机头至机尾贯通，地板用钛合金制成。货舱长 43 米，宽 6.4 米，高 4.4 米。货舱内可装载 16 个标准集装箱，80 辆“拉达”型轿车和各种重型自动卸货卡车，外部挂载所需要的地面试验设备和现场维修设备。在机翼中央翼段上方有两根载货用的纵梁，机背上可负载超长尺寸的货物，如俄罗斯“能源”号航天器运载火箭和“暴风雪”号航天飞机等。

由于安－225 是在安－124 基础上加大，很多地方和安－124 相似。与安－124 相比加长了翼展，货舱长度增加，取消了后部装货斜板/舱门，使飞机总重和载重能力都增加 50%。

军用侦察机

侦察机是专门用于从空中进行侦察、获取情报的军用飞机，是现代战争中的主要侦察工具之一。飞机诞生后，最早投入战场所执行的任务就是进行空中侦察。1910 年 6 月 9 日，法国陆军的玛尔科奈大尉和弗坎中尉驾驶着一架亨利·法尔曼双翼机进行了世界上第一次试验性的侦察飞行。因此，侦察机是飞机大家族中历史最长的机种。侦察机按遂行任务范围，又可分为战略侦察机和战术侦察机。战略侦察机一般具有航程远和高空、高速飞行性能，用以获取战略情报，多是专门设计的。战术侦察机具有低空、高速飞行性能，用以获取战役战术情报，通常用歼击机改装而成。

预警机

预警机是装有远程预警雷达、能用于监视和警报敌方飞机或导弹活动的飞机，有“千里眼”之称。新型预警机除监视、警报功能外，还具备地面指挥所的职能，形成“空中预警和指挥系统”。

在现代军事活动中，通常都有预警机的身影：1982 年叙利亚、以色列在贝卡谷地空战中，以色列空军之所以能取得 79∶1 的辉煌战果，主要是依靠 E－2 及时提供的战场空域情报。1982 年 6 月 9 日开战之前，以军首先在地中海的安全空域 9000 米高空部署了两架 E－2C “鹰眼” 预警机，居高临下监视叙利亚导弹发射场和空军基地的行踪。只要叙军飞机一起飞，就被 E－2 雷达发现，依靠其电子设备及时把叙利亚机型、航速、航向、高度等数据，连续不断地传送给以军战斗机。E－2C 预警机中 3 部由操纵员控制的显示台的荧光屏上，显示着 100 多架参战飞机的飞行航迹数据，把双方飞机清清楚楚地区别开来，向以军及时提供“制定威胁”和 15 个最佳截击建议方案，确定攻击来袭目标的先后顺序，使以色列飞机眼明手快，迅速占领有利位置，采取适当机动，从而能大量击落叙利亚飞机。而叙利亚飞机由于没有预警机通风报信和指挥，犹如瞎子跟明眼人打架，只能处于被动挨打的地位。

> **你知道吗**
>
> **中国将跃居第四大预警机出口国**
>
> 1999 年以色列在美国强大压力下虽停止向中国出售预警机，中国更于 2002 年主动中断从俄罗斯买入价格和性能都不符要求的预警机，转而全力发展更先进的大型预警机。2011 年 7 月，俄罗斯军工新闻网报道，中国将凭借 2010—2013 年向巴基斯坦供应 4 架空警－200 预警机、总价值 2 亿 7850 万美元的成绩跃居第四大预警机出口国。

1991 年海湾战争是一次以空袭为主要作战方式的战争。多国部队共出动 11 万多架次飞机，平均每天 2600 多架次，最多的一天达 3500 架次。如此大密度的飞行活动，多国部队靠34架预警机，组织十分严密，指挥得心应手，基本上没有发生差错。在为数不多的空战中，多国部队击落伊拉克44架飞机，而自己没有一架被对方击落，这其中预警机功不可没。1991年1月18日深夜，多国部队4架F－15C护航一批攻击机队通过巴格达东南方一个机场上空时，预警机向F－15C机长通报，有一架可疑的飞机正尾随他的机队。接着又通报可疑飞机是伊拉克的“幻影”F－1战斗机，已爬升到20400米，机头向西。F－15C根据预警机提供的情报找到目标，在距“幻影”F－1的19千米距离上用火控雷达锁住目标，接着发射“麻雀”中距空对空导弹击中目标。

预警机最早出现在第二次世界大战末期，当时美国海军将警戒雷达装到飞机上，用于提前发现躲在舰艇雷达盲区内低空飞行接近舰队的敌机。这种空中预警系统最大的价值在于它具有探测到地面雷达不能达到的隐藏在地平线下面目标的俯视能力，由于地球是球体，地面雷达对7万米以外的目标，因位于水平线之下而捕捉不到，而空中预警系统在约1万米高空飞行，能同时捕捉半径460千米范围内贴近海面或地面飞行的飞机、导弹以及海上舰艇等多种目标。空中预警机就像老鹰一样，有一双能从高空瞄准猎物的锐利的眼睛。

早期的预警机采用普通脉冲雷达，下视能力很差，一般只能用于杂波强度比较弱的海上，担负有限的警戒任务，也就是只能警戒不能指挥。20世纪40年代末、50年代初，西方装备的TBM－3W、AD－3W、WV－2、EC－121C和“塘鹅”等均属此类。60年代以来，由于电子技术、微波技术的迅速发展，预警机雷达多采用以机载动目标显示或脉冲多普勒体制，具有良好的下视能力，加上数据处理能力和导航、通信技术的进步，预警机的功能由单纯警戒发展到可同时对多机目标实施指挥引导，于是发展成为高度机动的空中警戒和指挥系统。美国E－3A是这类高级预警机的典型代表。

预警机在结构上分为飞行平台、雷达天线罩和航空电子系统三大部分。

飞行平台即容纳各种预警专用设备的载体。大部分预警机由运输机或直升机改装而成。雷达的性能在很大程度上取决于天线孔径的尺寸，预警机便多选用大型飞机作载机，可以安装较大的雷达，探测距离远，有足够的覆盖范围，续航时间也长，并且可安装较多的操作台。若选用小飞机作载机，则安装的航空电子设备较少，功能也较少，价格相对便宜些。

基本小知识

雷 达

雷达概念形成于20世纪初。雷达是英文radar的音译，为Radio Detection And Ranging的缩写，意为无线电检测和测距的电子设备。发射电磁波对目标进行照射并接收其回波，由此获得目标至电磁波发射点的距离、距离变化率（径向速度）、方位、高度等信息。

雷达天线罩是使预警机在外形上有别于其他飞机的明显特征。按雷达天线罩形状不同，分圆基式天线罩、平衡木型天线罩、锅型天线罩和加大机头机尾式天线罩。

典型的预警机的电子系统分为监视雷达、数据处理、数据显示与控制、导航、通信和敌我识别6个子系统。其中监视雷达是最关键的部分，它能在严重的地空或海空杂波环境上探测与跟踪远距离的高低空、高低速目标，有很大的覆盖范围，能够处理与显示数百个目标。

目前世界上有近20个国家和地区以及北约组织拥有空中预警机。西方经济发达国家美国、英国、法国、加拿大都有自己的预警机；德国、意大利是北约成员，也间接拥有预警机。除上述国家外，日本、俄罗斯、埃及、以色列、新加坡、沙特阿拉伯、瑞典、印度、澳大利亚、伊拉克、南非、智利也已经装备了预警机，其他国家如韩国、土耳其、印尼、巴基斯坦、孟加拉、马来西亚、文莱、菲律宾都有购买和研制预警机的意向。我国也引进和研制了自己的预警机，如在运8基础上研制的预警机。

各国现役300多架预警机中，数量最多的是E-2C，超过总数的二分之一；性能最好的是E-3A，有近70架。

E-2“鹰眼”预警机

E-2绰号“鹰眼”，于1956年开始设计，1960年10月21日首次试飞，1964年1月正式交付美国海军使用。

E－2 的布局十分独特，其尾部有 4 个垂直安定面，机翼和垂直安定面前缘都有充气式防冰罩。为了方便舰上停放，其机翼可以折叠。飞机背部的大圆盘是旋转雷达天线罩，可探测范围达到 480 千米，能自动和连续跟踪 250 个空中目标并能导引飞机或导弹对其中 30 个目标进行截击。

E－2 预警机

E－2 “鹰眼” 舰载预警机服役已超过了 40 年。现在的 E－2C 飞机拥有世界领先的空中指挥控制能力。“鹰眼” 预警机能够同时进行对空中和对水面的监视、打击和拦截控制、战斗管理以及搜索和营救。

首架生产型的 E－2C，于 1973 年交付使用，装备了 APS－145 雷达，能够同时跟踪超过 2000 个目标，并能控制拦截 20 个空中目标。美国海军现在使用四种外形的 E－2C Group II 飞机，在服役的时间内经历了重大的改进。

现在 E－2C 的生产型是鹰眼 2000，首架于 2002 年进入现役，包括一台改进型商用任务计算机、一台新的操作员显示器、升级过的制冷系统、改进型卫星通信和 USG－3 联合接战能力（CEC）系统。装备有 CEC 的鹰眼 2000 和 E－2C 飞机于 2002 年在阿富汗首次部署。E－2C 飞机已经完全胜任在阿富汗和伊拉克的打击控制和加油控制行动。海军持续采购鹰眼从 2000 年一直到了 2007 年。

同时，海军于 2002 年开始部署一种新版本 E－2D 先进鹰眼飞机。主要是进行了重要的雷达和航空电子设备的升级。E－2D 飞机希望能够在 2011 年形成初始作战能力。E－2D 飞机的核心是 ADS－18 电子扫描阵列雷达。E－2D 将进行多项改进和升级，包括座舱内战术显示器、一个改进的机身、新的发动机驱动发电机和新的发动机传动箱。诺思罗普·格鲁曼公司希望在 2007 财年开始进行 2 架 E－2D 发展飞机的测试，并于 2008 年开始生产试验性生产飞机，于 2009 年开始小批量生产，2010 年形成初始作战能力。

知识小链接

诺思罗普·格鲁曼公司

诺思罗普·格鲁曼公司是美国主要的航空航天飞行器制造厂商之一，有原诺思罗普公司和格鲁曼公司于1994年合并而成的。同年，该公司收购了沃特飞机公司；1996年又收购了威斯汀豪斯电气公司的防务和电子系统分部。它在在电子和系统集成、军用轰炸机、战斗机、侦察机以及军用和民用飞机部件、精密武器和信息系统等领域具有很大优势。

E－2C是E－2系列的第三种型别（前两种分别是E－2A和E－2B）。E－2的主要任务是舰队防空预警和空中导引指挥，自1977年换装新型雷达以来，E－2C也可在陆地上空执行预警和指挥任务。由于其独特的战术技术性能、显赫的战绩以及适中的价格，它成为预警机中最为畅销的一种机型。E－2C由载机和监视雷达、数据处理、数据显示与控制、敌我识别、通信、导航和无源探测七个电子系统组成。以色列曾经在1982年的中东战争中应用E－2C预警机和其他电子武器系统成功地进行了电子战，取得了良好的作战效果。

为适应未来战争的需要，美国海军正在实施E－2C预警机改进计划。通过改进后，E－2C将一直可使用到2015年，甚至可延续使用到2030年。

E－3预警机

E－3是波音公司根据美国空军“空中警戒和控制系统”计划研制的全天候远程空中预警和指挥飞机，有下视能力，能在各种地形上空执行空中预警任务。从1963年提出要求，经过几年研制，1975年以波音707客机为基础改制的原型机首次试飞，1977年第一架生产型交付使用。

E－3的主要机载设备有雷达、敌我识别、数据处理、通信、导航与导引、数据显示与控制6个分系统。雷达为威斯汀豪斯公司研制的AN/APY－1型S波段脉冲多普勒雷达，平板隙缝式天线装在转速6转/分的天线罩内。天线罩直径9.1米、厚度1.8米、重6.8吨，装在后机身上4.27米的地方。天线可根据不同作战条件把360度方位圆分成32个扇形区，选用不同的工作模态和抗干扰措施。敌我识别器是以AN/APX－130询问机为基础的高方向性询问接收式敌我识别系统，其天线在雷达天线的背面。通信系统装有14种高频、甚高频、超高频设备，在第三批飞机上装有三军通用的分时数字传输系统。导航系统装两套“轮盘木马”Ⅳ惯导系统，ANR－99奥米加导航仪，ANP－200多普勒导航仪，数据显示与控制系统为9台多用途数据显示与控制台，用以显示目标与背景信息，在显示器的下方用表格显示目标的各种数据。显示器还以放大32倍的倍率指挥多机作战。数据处理系统的核心为IBM公司的CC－1中央计算机，具有存贮量大运算速度快（每秒运算74万次）、故障自检和多重处理能力，最多能同时搜索、发现600个目标，并对其中200个目标进行识别和跟踪。

E－3预警机

E－3预警机上通常有17名工作人员，其中驾驶员4名、系统操纵人员13名。E－3能执行与地面拦截控制中心相同的任务，实际上也是一个空中指挥所。它可直接向己方执行任务的战斗机发送目标的方位和高度等数据，并实施正确的引导，使己方占据有利位置。E－3在离基地1850千米处执行警戒任务的留空时间为8小时。当飞行高度为12200米时，警戒范围为445千米。如等高中加油一次，留空时间可延长到14小时。

侦察机的历史与未来

飞机在军事上的最初应用是进行侦察。1910年6月9日，法国陆军的玛尔科奈大尉和弗坎中尉驾驶着一架亨利·法尔曼双翼机进行了世界上第一次试验性的侦察飞行。这架飞机本是单座飞机，由弗坎中尉钻到驾驶座和发动机之间，手拿照相机对地面的道路、铁路、城镇和农田进行了拍照。可以说从这一天起，最早的侦察机诞生了。

拓展阅读

布莱里奥飞越英吉利海峡

布莱里奥（1872—1936），法国发明家、飞机工程师、飞行家。1908 年诺斯克里夫勋爵拿出 1000 英镑通过伦敦每日邮报悬赏第一个驾驶飞机成功飞越英吉利海峡的人，布莱里奥向这个奖项发起挑战。1909 年 7 月 25 日布莱里奥驾着自己研制“布莱里奥 XI”飞机，用时 37 分飞越英吉利海峡。

第一次的侦察飞行发生在 1910 年 10 月爆发的意大利——土耳其战争中。10 月 23 日，意大利皮亚查上尉驾驶一架法国制造的布莱里奥 XI 型飞机从利比亚的黎波里基地起飞，对土耳其军队的阵地进行了肉眼和照相侦察。此后，意军又进行多次侦察飞行，并根据结果编绘了照片地图册。

第一次世界大战爆发后，欧洲各交战国都很重视侦察机的应用。在大战的初期，德军进攻处于优势，直插巴黎。1914 年 9 月 3 日，法军的一架侦察机发现德军的右翼缺少掩护，于是法国根据飞行侦察的情报，趁机反击，发动了意义重大的马恩河战役，终于遏止了德军的攻势，扭转了战局。

第二次世界大战中，侦察机应用得更广泛，出现了可进行垂直照相及倾斜照相的高空航空照相机和雷达侦察设备，大战末期还出现了电子侦察机。

20 世纪 50 年代，侦察机的飞行性能显著提高，飞行速度超过声速，机载侦察设备也有很大改进。拍摄目标后几十秒钟就能印出照片，并可用无线电传真传送到地面。还出现了一些专门研制的侦察机，如美国的 U－2 侦察机。20 世纪 60 年代研制出 3 倍声速的战略侦察机，如美国的 SR－71 侦察机，其最大飞行速度超过 M3.0，实用升限达 25 千米左右，照相侦察一小时的拍摄范围可达 15 万平方千米。80 年代初，有的国家就开始着手研制飞行速度为 M5.0 左右、升限超过 3 万米的高空高速侦察机。

无人驾驶侦察机将得到更广泛的应用。

侦察卫星的出现，取代了相当一部分侦察机的作用。另外由于防空导弹的发展，使侦察机深入敌方的飞行变得日益危险。但侦察机仍得到继续发展。目前有人驾驶侦察机主要执行在敌方防空火力圈之外的电子侦察任务，大部分深入敌方空域的侦察任务由无人驾驶侦察机来执行。侦察机的“隐身”技术正在得到应用和发展，以提高侦察机的生存能力。

U－2 侦察机

U－2 是美国洛克希德公司研制的单发动机涡喷式高空侦察机，可在 21000 米的高空飞行、照相、使用雷达侦察及截听通讯。主要用于执行战略或战术的照相和电子侦察任务。1956 年开始装备美空军。机长 15.11 米，机高 3.96 米，起飞重量 7384 千克，最大飞行速度 804 千米/时，最大升限 2.134 万米，航程 4180 千米。机载设备有：8 台照相侦察用的全自动照相机，能全天候工作且分辨率高，4 部实施电子侦察的雷达信号接收机、无线电通信侦收机、辐射源方位测向机和电磁辐射源磁带记录机等。

U－2 侦察机

U2 于 1955 年试飞，1956 年开始装备部队，主要类别 A、B、C、D、R、S 型。乘员 1 人，装备 J75－P－13B 涡喷式发动机，1X7714 千克推力。翼展 31.39 米，机长 19.13，机高 4.88 米，最大时速 692 千米，巡航速度 692 千米/小时。爬升率 25.5 米/秒，实用升限 21000 米，最大起飞重量 18597 千克，作战半径 2800 千米，最大航程 8000 千米。继航时间：12 小时。能够携带各类传感器和照相设备，对侦察区域实施连续不断的高空全天候区域监视。

在 1960 年之前，U2 一直凭借高空优势在中国和苏联上空横行。不过好景不长，1959 年 10 月 7 日，解放军刚成立不久的防空导弹部队二营使用苏制

SAM－2 低空导弹，击落 1 架由台湾飞行员驾驶的美制 RB－57D 高空侦察机，拉开了解放军打击 U－2 的序幕。1962 年 9 月 9 日，导弹二营在江西省南昌市郊区首次击落了 1 架 U－2，之后又于 1963 年 11 月 1 日，二营再次击落 1 架 U－2。1964 年 7 月 7 日二营第三次击落 U－2。1965 年 1 月 10 日，导弹一营击落 1 架 U－2。1967 年 9 月 8 日，导弹十四营击落 1 架 U－2。这样解放军合计击落了五架 U－2，残骸均在国内做过公开展出。当时中国地空导弹部队只有三个营，每个营的拦截正面只有几十千米，而且主要用于保卫首都北京。面对 960 万平方千米的国土，仅靠 3 个营去抗击到处飞窜的 U－2，难度确实很大。解放军为此设计了重点埋伏战术，并取得了成功。更重要的是，第一次击落 U－2 时，由于美方轻敌，解放军没有花什么大力气，但后来双方日益激烈的斗争锻炼了解放军防空部队。美方在 U－2 第一次被击落后，很快设计了绕弯、电子干扰、电子迷惑等战术和设备，解放军也不断提高自己的实战能力和技术，继续取得击落 U－2 的战果。

而在苏联方面，1960 年 6 月 1 日苏联防空军使用 SAM－2 导弹首次击落了 U－2 飞机，飞行员鲍尔斯被俘。飞行员的被俘使苏联掀起了巨大的反美舆论攻势，为此美国从此取消了 U－2 在苏联领空的侦察任务。在这次战斗中，苏联防空军还出动了米格－19 战斗机和刚刚出厂的苏－9 战斗机进行拦截，可悲的是导弹部队后来把一架米格－19 误认为 U－2，击落了这架自己人的飞机。

你知道吗

侦察机一般不携带武器

侦察机一般不携带武器，主要依靠其高速性能和加装电子对抗装备来提高其生存能力。通常装有航空照相机、前视或侧视雷达和电视、红外线侦察设备，有的还装有实时情报处理设备和传递装置。侦察设备装在机舱内或外挂的吊舱内。侦察机可进行目视侦察、成像侦察和电子侦察。

U－2 采用正常气动布局，机翼为大展弦比中单翼，其动力装置为一台 J57 或 J75－P－B 发动机。飞行时高度是 25 千米以上的平流层，是普通机的两倍以上。飞机外表为了避免反射阳光涂成黑色，并加大机翼使其具有滑翔机特征。

机体为了减轻重量，机身全金属薄蒙皮结构，机身十分细长，也导致了

U－2 具有明显缺点。在1969 年苏联红军使用地对空导弹攻击时，导弹在机体附近爆炸，爆炸产生的气浪导致飞机坠落，在坠落前机体已被严重破坏。飞行员穿有特殊的增压服，根据报道增压服为宇航员用服装，具有生命维持装置。

EP－3 侦察机

EP－3 是美国洛克希德·马丁公司研制的电子侦察机，它是美国海军 P－3“猎户座”海上巡逻机的改造型。美军从 1969 年开始使用 EP－3 电子侦察机。

EP－3 侦察机

EP－3 是美国的一种陆基情报侦察机，机上配备了尖端的电子信息拦截系统，它可以探测并追踪雷达、无线电以及其他电子通讯信号。它具有全天候侦察的能力，机动性较强，能迅速地提供所需情报。该型机的主要缺陷是无法进行空中加油，因此不得不依靠他国的基地才能进行空中侦察。冷战时期，EP－3 曾为美国中央情报局和国家安全局等情报机构提供服务。20 世纪 90 年代的海湾战争、科索沃战争，EP－3 用于窥探敌情。除美国外，日本也用 P－3C 改装成 EP－3 装备日本海上自卫队。

2001 年 4 月 1 日，美国海军

广角镜

4·1 中美撞机事件

2001 年 4 月 1 日，一架美国海军 EP－3 型侦察机在中国海南岛附近海域上空执行侦察任务，中国海军航空兵派出 2 架歼－8II 战斗机进行监视和拦截，其中一架僚机在中国海南岛东南 70 海里（110 公里）的中国专属经济区上空与美军飞机发生碰撞，中国战斗机坠毁，飞行员王伟跳伞下落不明，后被中国确认死亡，而美国受伤的军机则迫降海南岛陵水机场。

一架 EP－3 侦察机侵入中国海域上空对我国实施间谍活动，并撞毁我国战机，飞行员王伟壮烈牺牲。

无人驾驶飞机

由无线电遥控设备或自备程控系统操纵的无人驾驶飞机。无人机有一次性和多次永久性两种。着陆或降落伞回收。根据用途机上载有各种电子设备。它主要用于科研、军用高空侦察、训练靶机、核取样等任务。随着现代化电子遥控技术的提高，无人机发展很快。20 世纪 70 年代出现实时遥控无人机，由操纵人员地面或空中通过电视摄像机、数据传输等电子装备实施遥控。20 世纪 80 年代，美国等西方国家研制骚扰机，对地攻击机，目标探测机，遥控直升机，有些速度可达 M4.0。无人驾驶飞机的发展前景及用途必将越来越广。

无人机还可降低成本。一架“影子”无人机造价仅 55 万美元，还不到 F－15战机的 1%。按美国空军审计机构的评估，培养一名 F－15 战机飞行员的费用更是高达 260 万美元。同时，无人机的战场存活率高。即使是非隐形设计的无人机，由于其尺寸小，发动机功率低，雷达反射截面积仅为 0.1 平方米，很难被发现。而最新研制的无人机更是采取了各种先进的隐身技术，使其在雷达隐身、红外隐身和声隐身等方面都能达到相当高的程度。

美军“掠夺者”无人机

在越南战争期间，美军大量使用无人机对高价值或者是防御严密的目标进行侦察，以减小人员的伤亡或是被俘虏的风险。在 2001 年的阿富汗战争中，无人机第一次扮演攻击者，逐渐由战争“配角”转变成“主角”。2003 年，美军遥控“捕食者”无人侦察机，发射 2 枚“地狱火”导弹，击毙了拉登高级保镖、“科尔”号爆炸案主犯阿布·阿里。

目前，世界各国军队正大力研制装备无人机。显然，随着信息传输技术、计算机技术和飞行状态控制技术的发展，无人机将广泛地用于空战，并最终引起空战模式的革命。

“苍鹭”无人机

“苍鹭”是以色列飞机工业公司马拉特子公司研制的大型高空战略长航时无人机。该机的研制计划始于1993年底，1994年10月第一架原型机首飞，整个研制时间为十个月，1996年底正式投入使用。

“苍鹭”主要用于实时监视、电子侦察和干扰、通信中继和海上巡逻等任务。它可携带光电/红外雷达等侦察设备进行搜索、探测和识别，进行电子战和海上作战。在民用方面还可进行地质测量、环境监控、森林防火等。

该机装有大型监视雷达，可同时跟踪32个目标。采用轮式起飞和着陆方式，飞行中则由预先编好的程序控制。“苍鹭”无人机曾在1995年巴黎航展和1996年的范堡罗航展上展出。

拓展阅读

苍鹭TP无人机面临的最大威胁

苍鹭TP无人机面临的威胁来自地面防空力量。1999年北约对塞尔维亚发动空袭的时候，塞方在很短的时间内击落了42架美国无人机，大大削弱了北约的空袭效果。以色列军官埃亚尔称：“我们了解这种飞机在战场上会遇到的各种危险，我们会采取一切可能的措施来保护它”。

直升机

直升机主要由机体和升力（含旋翼和尾桨）、动力、传动三大系统以及机载飞行设备等组成。旋翼一般由涡轮轴发动机或活塞式发动机通过由传动轴及减速器等组成的机械传动系统来驱动，也可由桨尖喷气产生的反作用力来驱动。

直升机的突出特点是可以做低空（离地面数米）、低速（从悬停开始）和机头方向不变的机动飞行，特别是可在小面积场地垂直起降。由于这些特点使其具有广阔的用途及发展前景。在军用方面已广泛应用于对地攻击、机降登陆、武器运送、后勤支援、战场救护、侦察巡逻、指挥控制、通信联络、反潜扫雷、电子对抗等。在民用方面应用于短途运输、医疗救护、救灾救生、紧急营救、吊装设备、地质勘探、护林灭火、空中摄影等。

直升机的发展简史

直升机主要由机体和升力（含旋翼和尾桨）、动力、传动三大系统以及机载飞行设备等组成。旋翼一般由涡轮轴发动机或活塞式发动机通过由传动轴及减速器等组成的机械传动系统来驱动，也可由桨尖喷气产生的反作用力来驱动。目前实际应用的是机械驱动式的单旋翼直升机及双旋翼直升机，其中又以单旋翼直升机数量最多。

直升机的最大速度可达 300 千米/时以上，俯冲极限速度近 400 千米/时，使用升限可达 6000 米（世界纪录为 12450 米），一般航程可达 600～800 千米左右。携带机内、外副油箱转场航程可达 2000 千米以上。根据不同的需要，直升机有不同的起飞重量。当前世界上投入使用的重型直升机最大的是俄罗斯的米－26（最大起飞重量达 56 吨，有效载荷 20 吨）。

直升机的突出特点是可以做低空（离地面数米）、低速（从悬停开始）和机头方向不变的机动飞行，特别是可在小面积场地垂直起降。由于这些特点使其具有广阔的用途及发展前景。在军用方面已广泛应用于对地攻击、机降登陆、武器运送、后勤支援、战场救护、侦察巡逻、指挥控制、通信联络、反潜扫雷、电子对抗等。在民用方面应用于短途运输、医疗救护、救灾救生、紧急营救、吊装设备、地质勘探、护林灭火、空中摄影等。海上油井与基地间的人员及物资运输是民用的一个重要方面。

目前直升机相对飞机而言，振动和噪声水平较高、维护检修工作量较大、使用成本较高，速度较低，航程较短。直升机今后的发展方向就是在这些方面加以改进。

中国的竹蜻蜓和意大利人达·芬奇的直升机草图，为现代直升机的发明提供了启示，指出了正确的思维方向，它们被公认是直升机发展史的起点。

竹蜻蜓又叫飞螺旋和“中国陀螺”，这是我们祖先的奇特发明。有人认为，中国在公元前 400 年就有了竹蜻蜓，另一种比较保守的估计是在明代（公元 1400 年左右）。这种叫竹蜻蜓的民间玩具，一直流传到现在。

现代直升机尽管比竹蜻蜓复杂千万倍，但其飞行原理却与竹蜻蜓有相似之处。现代直升机的旋翼就好像竹蜻蜓的叶片，旋翼轴就像竹蜻蜓的那根细竹棍儿，带动旋翼的发动机就好像我们用力搓竹棍儿的双手。竹蜻蜓的叶片前面圆钝，后面尖锐，上表面比较圆拱，下表面比较平直。当气流经过圆拱的上表面时，其流速快而压力小；当气流经过平直的下表面时，其流速慢而压力大。于是上下表面之间形成了一个压力差，便产生了向上的升力。当升力大于它本身的重量时，竹蜻蜓就会腾空而起。直升机旋翼产生升力的道理与竹蜻蜓是相同的。

《大英百科全书》记载道：这种称为“中国陀螺”的“直升机玩具”在15世纪中叶，也就是在达·芬奇绘制带螺丝旋翼的直升机设计图之前，就已经传入了欧洲。

《简明不列颠百科全书》第9卷写道：“直升机是人类最早的飞行设想之一，多年来人们一直相信最早提出这一想法的是达·芬奇，但现在都知道，中国人比中世纪的欧洲人更早做出了直升机玩具。”

广角镜

比尔·盖茨购买达·芬奇手稿

1994年微软总裁比尔·盖茨以3080万美元的价格购买了达·芬奇的《哈默手稿》，手稿中记录了达·芬奇在多个领域的研究成就。有人问他为什么要这样做，盖茨说：“因为我需要它。”媒体分析这位举世瞩目的科学狂人是在通过购买行为来向那位生于500年前，第一个真正思考人和世界运转机理的科学巨匠致敬。

意大利人达·芬奇在1483年提出了直升机的设想并绘制了草图。

19世纪末，在意大利的米兰图书馆发现了达·芬奇在1475年画的一张关于直升机的想象图。这是一个用上浆亚麻布制成的巨大螺旋体，看上去好像一个巨大的螺丝钉。它以弹簧为动力旋转，当达到一定转速时，就会把机体带到空中。驾驶员站在底盘上，拉动钢丝绳，以改变飞行方向。西方人都说，这是最早的直升机设计蓝图。

1907年8月，法国人保罗·科尔尼研制出一架全尺寸载人直升机，并在同年11月13日试飞成功。这架直升机被称为“人类第一架直升机”。这架名为“飞行自行车”的直升机不仅靠自身动力离开地面 0.3 米，完成了垂直升空，而且还连续飞行了 20 秒钟，实现了自由飞行。

保罗·科尔尼研制的直升机带两副旋翼，主结构为 1 根 V 形钢管，机身由 V 形钢管和 6 个钢管构成的星形件组成，并采用钢索加强，以增加框架结构的刚度。V 形框架中部安装一台 24 马力的 Antoinette 发动机和操作员座椅。机身总长 6.20 米，重 260 千克。V 形框架两端各装 1 副直径为 6 米的旋翼，每副旋翼有两片桨叶。

1938 年，年轻的德国姑娘汉纳赖奇驾驶一架双旋翼直升机在柏林体育场进行了一次完美的飞行表演。这架直升机被直升机界认为是世界上第一种试飞成功的直升机。

1936 年，德国福克公司在对早期直升机进行多方面改进之后，公开展示了自己制造的 FW－61 直升机，1 年后该机创造了多项世界纪录。这是一架机身类似固定翼飞机，但没有固定机翼的大型双旋翼横列式直升机，它的两副旋翼用两组粗大的金属架分别向右上方和左上方支起，两副旋翼水平安装在支架顶部。桨叶平面形状是尖削的，用挥舞铰和摆振铰连接到桨毂上。用自动倾斜器使旋翼旋转平面倾斜进行纵向操纵，通过两副旋翼朝不同方向倾斜实现偏航操纵。旋翼桨叶总距是固定不变的，通过改变旋翼转速来改变旋翼拉力。利用方向舵和水平尾翼来增加稳定性。FW61 旋翼毂上装有周期变距装置，在旋翼旋转过程中可改变桨叶桨距。还有一根可变动桨距的操纵杆来改变旋翼面的倾斜度，以实现飞行方向控制。FW61 就是靠这套周期变距装置和操纵杆保证了它的机动飞行。该机旋翼直径 7 米。动力装置是一台功率 103 千瓦的活塞发动机。这是世界上第一架具有正常操纵性的直升机。该机时速 100～120 千米，航程 200 千米，起飞重量 953 千克。

1939 年春，美国的伊戈尔·西科斯基完成了 VS－300 直升机的全部设计工作，同年夏天制造出一架原型机。这是一架单旋翼带尾桨式直升机，装有 3 片桨叶的旋翼，旋翼直径 8.5 米，尾部装有两片桨叶的尾桨。其机身为钢管焊接结构，由 V 型皮带和齿轮组成传动装置。起落架为后三点式，驾驶员座舱为全开放式。动力装置是一台 4 气缸、55 千瓦的气冷式发动机。这种单旋翼带尾桨直升机构型成为现在最常见的直升机构型。

西科斯基不断对 VS－300 进行改进，逐步加大发动机的功率。1940 年 5 月 13 日，VS－300 进行了首次自由飞行，当时安装了 66 千瓦的富兰克林发动机。

R－4 是美国－西科斯基公司 20 世纪 40 年代研制的一种 2 座轻型直升机，是世界上第一种投入批量生产的直升机，也是美国陆军航空兵、海军、海岸警卫队和英国空军、海军使用的第一种军用直升机。

知识小链接

西科斯基公司

西科斯基公司是一家美国飞机和直升机制造商。由俄罗斯裔美国飞行器工程师埃格·西科斯基于 1923 年创建。西科斯基设计了第一架稳定的单引擎可操纵直升机并于 1942 年开始大规模生产。1934 年西科斯基公司成为联合飞行器公司（现联合技术公司）下的子公司。美国总统使用的直升机（海军陆战队一号）也一直使用西科斯基公司产品。

在 20 世纪 40 年代至 50 年代中期是实用型直升机发展的第一阶段，这一时期的典型机种有：美国的 S－51、S－55/H－19、贝尔－47；苏联的米－4、卡－18；英国的布里斯托尔－171；捷克的 HC－2 等。这一时期的直升机可称为第一代直升机。

贝尔－47 是美国贝尔直升机公司研制的单发轻型直升机，研制工作开始于 1941 年，试验机贝尔－30 于 1943 年开始飞行，1945 年改名为贝尔－47，1946 年 3 月 8 日获得美国民用航空署的适航证，这是世界上第一架取得适航证的民用直升机。该机是单旋翼带尾桨式布局、两叶桨叶的跷跷板式旋翼。旋翼下面有稳定杆，与桨叶呈直角。普通的自动倾斜器可进行总距和周期变距操纵。尾梁后部有两个桨叶的全金属尾桨。

卡－18 是苏联卡莫夫设计局设计的单发双旋翼共轴式轻型多用途直升机，于 1957 年年中首次飞行，此后不久投入批生产。采用两副旋转方向相反的三桨叶共轴式旋翼，桨叶为木质结构。装一台 202 千瓦的九缸星形活塞式发动机。机身为钢管焊接结构，具有轻金属蒙皮和硬壳式尾梁。座舱内可容纳 1

名驾驶员和3名旅客。采用四轮式起落架，前起落架机轮可以自由转向。

20世纪50年代中期至60年代末是实用型直升机发展的第二阶段。这个阶段的典型机种有：美国的S－61、贝尔－209/AH－1、贝尔－204/UH－1，苏联的米－6、米－8、米－24，法国的SA－321“超黄蜂”等。这个时期开始出现专用武装直升机，如AH－1和米－24。这些直升机称为称为第二代直升机。

20世纪70年代至80年代是直升机发展的第三阶段，典型机种有：美国的S－70/UH－60“黑鹰”、S－76、AH－64“阿帕奇”，苏联的卡－50、米－28，法国的SA－365“海豚”，意大利的A－129“猫鼬”等。

基本小知识

A－129

意大利陆军航空兵的主战直升机A－129，是一种轻型专用武装直升机，绰号“猫鼬”。是由意大利阿古斯塔公司研制的，是欧洲第一型武装直升机，也是第一种经历过实战考验的欧洲国家的武装直升机。在2001年北京航展和2004年珠海航展上，阿古斯塔公司都特意带来了猫鼬的模型，引起了国内军事爱好者浓厚的兴趣。

在这一阶段，出现了专门的民用直升机。为了深入研究直升机的气动力学和其他问题，这时也设计制造了专用的直升机研究机（如S－72和贝尔－533）。各国竞相研制专用武装直升机，促进了直升机技术的发展。

20世纪90年代是直升机发展的第四阶段，出现了目视、声学、红外及雷达综合隐身设计的武装侦察直升机。典型机种有：美国的RAH－66和S－92，国际合作的“虎”、NH－90和EH－101等，称为第四代直升机。

直升机的飞行原理

直升机发动机驱动旋翼提供升力，把直升机举托在空中，主发动机同时也输出动力至尾部的小螺旋桨，机载陀螺仪能侦测直升机回转角度并反馈至小螺旋桨，通过调整小螺旋桨的螺距可以抵消大螺旋桨产生的不同转速下的反作用力。

通过称为“倾斜盘”的机构可以调整直升机的旋翼的螺距，从而在旋转面上可以产生不同象限上的升力差，以此升力差来实现改变直升机的飞行方向，同时，直升机升空后发动机是保持在一个相对稳定的转速下，控制直升机的上升和下降是通过调整螺旋桨的总螺距来得到不同的总升力的，因此直升机实现了垂直起飞及降落。

常见直升机类型

单旋翼直升机：单旋翼带尾桨一个水平旋翼负责提供升力，尾部一个小型垂直旋翼（尾桨）负责抵消旋翼产生的反扭矩。例如，欧洲直升机公司制造的 EC－135 直升机。

单旋翼无尾桨一个水平旋翼负责提供升力，机身尾部侧面有空气排出，与旋翼的下洗气流相互作用产生侧向力来抵消旋翼产生的反扭矩。例如，美国麦道直升机公司生产的 MD－520N 直升机。

双旋翼直升机：纵列式两个旋翼前后纵向排列，旋转方向相反。例如，美国波音公司制造的 CH－47“支努干”运输直升机。

横列式两个旋翼左右横向排列，旋翼轴间隔较远，旋转方向相反。例如，苏联米里设计局研制的 Mi－12 直升机。

共轴式两个旋翼上下排列，在同一个轴线上反向旋转。例如，苏联卡莫夫设计局研制的卡－50 武装直升机。

直升机的用途

直升机因为有许多其他飞行器难以办到或不可能办到的优势，受到广泛应用，直升机由于可以垂直起飞降落不用大面积机场。主要用于观光旅游、火灾救援、海上急救、缉私缉毒、消防、商务运输、医疗救助、通信以及喷洒农药杀虫剂消灭害虫、探测资源等，在国民经济的各个部门都能有广泛用途。世界直升机的队伍也在逐渐壮大。

武装直升机

装有武器并执行作战任务的直升机。亦称攻击直升机或强击直升机。主要用于攻击地面、水面和水下目标，为运输直升机护航，也可与敌直升机进行空战。具有机动灵活，反应迅速，适于低空、超低空抵近攻击，能在运动和悬停状态开火等特点。多配属陆军航空兵，是航空兵实施直接火力支援的新型机种。武装直升机可分为专用型和多用型两种。专用型武装直升机是专门为进行攻击任务而设计的，其机身窄长，机舱内只有前后或并列乘坐的两名乘员（甚至1名乘员），作战能力较强；多用途武装直升机除用来遂行攻击任务外，还可用于运输、机降、救护等。反坦克作战是武装直升机的主要用途之一，因此武装直升机又被称为“坦克杀手”；它与坦克对抗时，在视野速度、机动性及武器射程等诸方面明显处于优势地位。舰载武装直升机还可扩大舰艇或舰队的作战范围，增强作战能力。武装直升机一般携带机枪、航炮、炸弹、火箭和导弹等多种武器，最大平飞时速300千米以上，续航时间2—3小时。武装直升机广泛用于现代局部战争，在战争中发挥了重要作用，受到世界各国的十分关注。

拓展阅读

AH－64武装直升机

AH－64武装直升机是由麦道飞机公司制造、为美国陆军目前的主力双座武装直升机。1989年，美国入侵巴拿马时，AH－64首次投入实战。AH－64和AH－64D在数场重要的战争中充当了重要角色，包括海湾战争，在阿富汗和在伊拉克的自由行动。AH－64被证明是优秀的坦克猎人并且摧毁了数以百计主要来自伊拉克军队的装甲车。

直升机之最

世界上第一架直升机是由德国科学家福克于1937年设计制造的FW-61横列式双旋翼直升机。该机首次由女飞行员莱西驾驶，以68千米/小时的速度由柏林飞到伦敦，震动了整个航空界。

世界上最小的直升机是日本研制的一种单人超小型直升机。直升机安装有一台37千瓦的强制冷发动机，主旋翼直径约6米，自重仅为115千克。

世界上最大的直升机是苏联于20世纪60年代研制生产的米-12“信鸽”重型运输直升机。该机最大起飞重量为105吨，主旋翼直径为35米，机身长达37米，货舱长28米，可运送中型坦克和火炮，安装有4台4.78兆瓦的发动机，载重40吨。

飞得最快的直升机是美国西科斯基公司S-67型直升机。1970年12月14日，飞行员库哥特·坎农驾驶S-67型直升机，创造了飞行速度355.49千米/小时的世界纪录。

飞得最高的直升机是法国的SA-3158型“美洲鸵”直升机。1972年6月21日，飞行员吉恩·鲍莱特驾驶“美洲鸵”，创造了飞行高度达1.2442万米的世界纪录。

飞得最远的直升机是美国的OH-6型直升机。1966年4月6—7日，该机由飞行员费瑞驾驶，创造了直线航程3561.55千米的世界纪录。

最早的直升机机降作战是1951年3月美军在朝鲜战场的旺方山战斗实施的。此次战斗中，美军使用直升机将20余人机降在阵地上，配合地面部队夺占对方阵地。这也是直升机参加实战的最早记载。

世界上第一架武装直升机是由H-13直升机改装而成。1953年美国在H-13直升机上安装了无控火箭、榴弹发射器、机枪和反坦克炮进行试验，从而提高了直升机的战斗性能，为以后武装直升机的发展创造了条件。

世界上第一种隐形直升机是美国研制生产的RAH-66“科曼奇”武装直升机。该机是美国陆军未来的主力机种，可执行武装侦察、反坦克和空战等多种作战与保障任务。

第一种使用弹射救生系统的直升机是苏联研制生产的卡－50“噱头”直升机。该机同时还夺得了第一种单座攻击直升机和第一种共轴式攻击直升机两项世界第一。

知识小链接

榴弹发射器

榴弹发射器是一种发射小型榴弹的轻武器。因其体积小、火力猛，有较强的面杀伤威力和一定的破甲能力，主要用于毁伤开阔地带和掩蔽工事内的有生目标及轻装甲目标，为步兵提供火力支援。

我国直升机的发展

直－5是我国制造的第一种多用途直升机，也是新中国直升机科研应用的开端。

研制初期代号“旋风25”，原型为苏联米－4直升机。

1958年2月，哈尔滨飞机工业公司按照苏联提供的全套图纸资料开始仿制米－4，1958年12月14日首次试飞，1959年初由国家鉴定委员会正式验收，投入批量生产。1963年9月21日航定委同意直－5直升机优质过关，批准定型投产；其动力装置活塞－7于同年12月25日优质过关，投入批生产。共生产了545架。

直－5可用于物资、人员输送、救生、边境巡逻。1980年停产。

直－6是在直－5基础上改型设计的以空降为主的多用途直升机，1969年12月15日首飞，共生产了15架，未能正式投产。

60年代中期，我国在研制轻型和中型直升机产品的同时，也开始考虑独自研制能装载1个加强排兵力的重型直升机产品。根据部队提出的需求，

1969 年，中国航空研究院决定由新组建的直升机设计研究所承担重型直升机的设计任务，直升机的编号为直－7。1970 年 3 月，直－7 研制工作开始，承担研制的有直升机设计研究所等 5 个研究所、两个工厂。

直－7 的研制方案是：装两台涡轴 5 甲发动机，采用 6 片旋翼；除重新设计桨毂和减速器外，其他尽量采用直－5 和直－6 的零部件。直－7 设计为最大起飞重 14400 千克，有效商载 3500 千克，最大速度 240 千米/小时，最大航程 350 千米，实用升限 6000 米。

1971 年直－7 开始进行机体和部件的静力试验及调试。其间，领导机关曾决定将直－7 作为舰载直升机的试验机，1971 年 9 月，直－7 改舰载的工作停止，继续作为普通直升机研制。

1975 年 5 月，直－7 零部件加工完成了 97%，并已装配成两架机体，配套生产的成品已到货 90%。1979 年，直－7 重型直升机完成了全机静力试验。

然而，1979 年 6 月 28 日，国家决定直－7 重型直升机研制工作停止。其原因是由于国家财力有限，不可能同时投资研制两种重型直升机，为了全力确保由江西景德镇直升机厂承担研制直－8 型直升机项目，直－7 直升机只得为直－8 让路，从而宣告了直－7 重型直升机的夭折。尽管直－7 项目下马了，但直－7 研制的许多成果为后来成功研制出最大起飞重量达 13 吨的直－8 重型直升机打下了坚实的基础。

我国于 20 世纪 70 年代末购进了 14 架法国航宇工业公司研制的 SA321“超黄蜂”大型多用途直升机，交由海军航空兵部队使用。该机型在法国于 1966 年开始交付使用，装备后成为我国第一代舰载机。随后，我国开始在“超黄蜂”的基础上仿制直－8。

直－8 的研究工作由中国直升机设计研究所与昌河飞机工业公司共同执行。总体的规划是以直－8 舰载反潜型为突破口，进行引进仿制，随后进而改进研制直－8 陆军型，从而逐步提高我国大中型直升机科研、生产和装备的水平。1976 年研制工作开始，首架原型机于 1985 年 12 月首飞，1989 年 11 月通过国家技术鉴定，1994 年 12 月设计定型。1989 年，首架生产型直－8 于交付海军航空兵使用。直－8 曾经被看作中国陆航、海航的一大飞跃，因为这是我国第一种国产大中型多用途直升机。不想在 2002 年前的漫长岁月里，直－8

生产量很低，不超过20架。

基本小知识

中国直升机设计研究所

中国直升机设计研究所位于江西省景德镇市，创建于1969年12月，是中国唯一的以直升机型号研制和技术预先研究为使命的大型综合性科研单位。该所先后承担和完成了直－8、直－9、直－11等30多个直升机型号及其改进改型研制任务和直升机关键技术的预先研究工作，在中国直升机的发展史上创造了多个第一。

直－8采用了常规的直升机总体布局，单旋翼带尾桨。旋翼为6片矩形胶接全金属桨叶，桨毂铰接式，装有挥舞铰、轴向铰和带液压减震的摆向铰。位于尾翼顶端的尾桨共5片。为适应水上用途，采用船形机身，水密舱，两侧有固定水陆两用短翼浮筒，可以进行水上起降。在陆上采用不可收放前三点式起落架。

直－8可载运27名全副武装的士兵，此时航程700千米，最大载重情况下可载运39人；也可以载运1辆BJ－22吉普及有关人员；或装载3000千克货物飞行500千米，或外挂运送5000千克货物到50千米外的目标区域，然后返回原地。用于救护时直－8舱内可载15名伤病员及担架，以及1名医护人员。执行搜索救援时，机上可装备1台液压救生绞车和两只救生艇，在陆地和海上执行救援任务。

实际上我国仿制直－8的目的不在于陆基使用，而是为获得一种可靠的舰载直升机。因此直－8很快发展了舰载型号。直－8可装备吊放声呐、搜索雷达，可采用的武器包括鱼雷或导弹等。执行扫雷任务时，可拖曳1个扫雷具，在距基地92千米的水域以46千米的时速扫雷2小时。布雷作战时可携带8枚250千克的水雷。

直－8还可用于人员运输、地质勘探、航空测绘、建筑施工、森林防火、边防巡逻、通讯联络指挥等民用用途。直－8曾顺利执行过抢险救灾和科研试飞等任务，1993年首飞西沙成功。

直－9多用途直升机是由哈尔滨飞机制造公司引进法国专利、研制生产的。用于人员运输、近海支援、海上救护、空中摄影、海上巡逻、鱼群观测、护林防火等，并可作为舰载机使用。军事用途包括侦察、近距火力支援、反坦克、搜索救护、反潜、侦察校炮及通讯。

基本小知识

哈尔滨飞机制造公司

哈尔滨飞机制造公司（HAMC）是一家位于黑龙江省的飞机制造厂。1952年，哈尔滨飞机厂建立，开始只是修理飞机。1958年，开始仿制苏联式飞机。Z－5军用直升机是米－4直升机（Mil Mi－4）仿制品，H－5喷气发动机轻型轰炸机是伊尔－28（IL－28）仿制品。1974年，哈飞开始研究运－11（Y－11），1975年12月30日首次试飞成功。

1980年10月，国务院批准三机部以技贸结合形式，引进法国SA365“海豚”型直升机的生产专有权合同。具体由哈飞负责，1982年完成了首架机的装配。同年2月6日，直－96013号机在首都机场进行试飞表演，解放军总部及各军兵种、各部委有关方面负责同志前往观看。9月21日，两架直－9首次交付中国民航广州管理局投入使用。后经哈飞长期努力，发展出多个型别，包括基型直－9，最初的专利生产型，至1990年底与法国协议签订的50架已全部生产完毕，其中28架为基型直－9；另外还有20架为直－9A，直－9后继续生产型，相当于SA365N2；随后哈飞生产了两架直－9A－100，初步尝试了直－9生产的国产化。1993年9月，哈飞又与法方签约生产直－9过渡型22架，另外哈飞还生产了8架直－9民用型。

1988年5月，直－9国产化总指挥部与有关部门签订了承包合同，其中哈尔滨飞机制造公司是总承包单位，用了3年多时间和其他90余家厂所协力攻关，于1992年1月16日成功完成了国产化直－9（国产化率达到71.9%）的首飞。此后直－9的生产全面转向国产型直－9，该型号定名直－9B。

根据解放军陆军和海军航空兵的需要，直－9又衍生出几种军用改进型：直－9A（国产化型）、直－9B（驻港部队）、直－9通讯型、直－9炮兵校射型、直 - 9 电子干扰型、直 - 9C 舰载型、直 - 9W 反坦克型，直 - 9G。直 - 9G 是 W 型的出口型，电子设备有所不同。

直 - 9C 舰载型实际上是以直 - 9 为基础改进的，和法国“海豚”的舰载型“黑豹”无太大关系。1987 年 12 月 2 日，为海军改装的直 - 9C 舰载直升机首飞成功。12 月 24 日在舰上顺利降落，采用中国直升机设计所研制的快速着舰系留装置。定型后的 C 型加装了机头雷达，可挂载 2 枚“鱼 - 7”鱼雷执行反潜任务。

直 10 计划主要由哈尔滨飞机制造总公司负责，于 1992 年责成全国 40 余家相关院所立项开发，为陆军“九五”计划重点攻关项目。

WZ - 10 为发展自 Z - 9B 的中型专用武装直升机，全机净重约 5543 千克。其主要任务为树梢高度战场遮断，消灭包括敌地面固定和机动的有生力量，并兼具一定的空战能力。WZ - 10 未来配合设有顶置瞄具的 Z - 11 轻型直升机取得目标，可完全在接敌隐蔽处发动进攻，故战场生存能力极强。该机除部分光电瞄准系统可见于 WZ - 9 外，更配有 FLIR，因此具有有限复杂天气和夜间作战的能力。

Z - 11 是中国直升机设计研究所与昌河飞机工业公司共同研制的轻型多用途军民两用直升机，是我国直升机行业从专利生产、测绘仿制走向自行设计的第一个机种。该机 1989 年批准立项，1992 年进入全面研制，1994 年 12 月实现首飞，1997 年开始交付使用。Z - 11 主要用于教练、通讯、救护、侦察、护林和旅游等。

哈飞与法国欧洲直升机公司、新加坡科技宇航公司三国四方按照共同投资、共担风险、共享利益的原则联合开发研制了 EC120 直升机。单发 5 座多用途轻型 EC120B“蜂鸟”直升机是目前世界最先进的 1.5 吨级直升机之一。在同级别直升机中，“蜂鸟”具有更先进的性能，大量采用世界先进技术，是一种简单、高效、维护性好、易于操纵、乘坐舒适且成本低廉的直升机。

EC120 直升机通过了法国 DGAC 及美国、英国和欧洲适航当局等近 30 个国家和地区的适航认证。

EC120 直升机适用于载客和公务运输、新闻采集、外挂运输、农业喷洒、电力巡线、治安巡逻、航空医疗运输、观测、联络、培训等多种用途。

2003 年 11 月 20 日晚 6 时，法国欧洲直升机公司、中国航空技术进出口总公司、哈飞航空工业股份有限公司、新加坡科技宇航有限公司四方在北京王府饭店签订合同，在中国哈尔滨飞机工业集团建立 EC120 总装生产线，EC120 直升机将更名为 HC－120 直升机。

在我国使用的国外直升机有美制“黑鹰”直升机、法制 SA341“小羚羊”轻型直升机、俄制米 8/米 17/米 171 直升机、俄制米 6 直升机、俄制卡－28 反潜直升机等。

新中国航空工业建立近 60 年来，已生产交付军民用直升机 1000 多架。我国已成为世界上少数几个具有直升机科研生产能力、拥有完整战斗机产品系列的国家。美俄欧把直升机产业作为战略产业，国家大力支持，产品不断更新，技术不断提高。据统计，发达地区通用飞机与客运飞机的应用量比例大约是 5～6 倍的关系。目前我国直升机较少，民用直升机更少，随着经济的发展，直升机领域的市场潜力是相当大的。

广角镜

AC－313 直升机

AC－313 直升机最大起飞重量 13.8 吨，是中国第一个完全按照适航条例规定的要求和程序进行研制的大型民用运输直升机，也是中国自行研制生产的唯一一种大型直升机，整机性能达到国际一流的第三代直升机水平，实现了中国大型运输直升机整体技术水平的跨越。

随着我国国民经济的不断发展以及国防建设的需要，未来中国对直升机产品有着十分迫切的需求。

米－8 直升机

苏联米里设计局研制的米－8 河马战术运输直升机家族可谓有史以来最成功的设计产品。自从 20 世纪 60 年代研制成功后，米－8 河马直升机已经被出口到世界上的许多国家。米－8 不光在苏联、东欧国家和亲苏的第三世界国家服役，而且也被一些西方国家大量购买。使用者对于米－8 的评价是：寿命

米－8 直升机

长，坚固耐牢，能够承担各种军用和民用飞行任务。在其庞大的家族中，既有火力强大的“炮艇机”，又有舒适豪华的 VIP 专机。截止到 2003 年年底，米－8 已经在 70 个国家的空军和陆军中服役，产量超过了 12300 架。目前，还在执行飞行任务的河马直升机数量大约在 3650 架，其中俄罗斯装备了 1950 架，其他国家装备了 1700 余架。

米－8 的原型机于 1961 年 6 月 24 日首飞，当时米里设计局称其为 V－8。这架 V－8 安装了一台发动机，被北约称为河马－A。1962 年 8 月 2 日，装有两个发动机的 V－8A（北约代号河马－B）改进型进行了首飞，并成为后来量产的米－8 的原型。1965 年，喀山直升机公司开始批量生产米－8 直升机，这种直升机主要用于人员运输。紧随其后，米－8 的第一种军用型 M－8TV也于 1968 年进入苏联军队服役。米－8TV 可装载两个或 4 个 16 管 57 毫米火箭发射巢或是 2000 千克重的航空炸弹。1973 年，米里设计局又设计成功米－8TV 的改进型，北约称为河马－E，和米－8TV 相比，河马－E 的火力更加强大，它可以装 6 个 32 管 57 毫米火箭发射巢，2000 千克的航空炸弹和 4 枚 9M17P（AT－4）反坦克导弹。在随后的几年里，米里设计局又以米－8TV 为基础，陆续推出了多种特殊用途的直升机，诸如电子侦

拓展阅读

米哈伊尔·列昂季耶维奇·米里

米哈伊尔·列昂季耶维奇·米里 1909 年生于俄罗斯的伊尔库茨克。1931 年毕业于诺沃切尔卡斯克航空学院，毕业后就到中央流体动力学研究院从事旋翼机研究工作，以后转入直升机的研究。1945 年他被任命为直升机部实验室主任。1947 年 12 月米里受命组建米里直升机设计局，他担任第一任总设计师。

察，通讯侦察、电子干扰和战场指挥直升机。

1971 年，米里设计局开始对第一代米 – 8 进行系统的现代化改进，主要目的是为了提高米 – 8 的推重比。克里莫夫设计局研制成功了代号为 TV3 – 117 的涡轮风扇发动机，这种发动机和原先米 – 8 使用的 TV2 – 117 发动机相比，功率提高到 1874 千瓦，并且拥有全新的主变速箱和机械部件。在改进发动机的同时，米里设计局还对米 – 8 的外形和机体结构进行了重新设计，使河马显得更加简洁洗练。这些改进，使第二代河马与前身相比更加具有良好的飞行能力。1975 年，米里设计局将改进完成的米 – 8 命名为米 – 8MT（北约称之为河马 – H），并在当年的 8 月 17 日进行了首飞，1971 年，米里设计局又赋予了米 – 8MT 全新的代号——米 – 17。1979 年到 1989 年间的阿富汗战争让米 – 8MT 声名大噪，一时成为许多国家争先购买的直升机。由于加固了其机体，改善了飞行能力，米 – 8MT 在遭到阿富汗游击队攻击的时候，依然体现了强大的生命力和可靠性。

米 – 24 武装直升机

米 – 24 是苏联米里设计局莫斯科直升机厂研制的武装直升机，是苏联的第一种专用武装直升机。于 20 世纪 60 年代末开始研制，1969 年首飞，1973 年装备部队。约有 1250 架在独联体服役，并装备包括阿富汗、越南、阿尔及利亚、安哥拉、古巴、印度等国家。

米 – 24 武装直升机

现有型别：米 – 24A，早期型别；米 – 24D，武装型，用于空对空及空对地攻击，座舱重装甲，武器系统有 USUP – 24 机炮，机头装 12.7 毫米机枪，KPS – 53A 光电瞄准具；米－24V，类似米－24D，改进翼尖发射巢及4个翼下挂架，最多可携带8枚AT－6“螺旋”无线电制导的反坦克导弹，翼下挂架可选装AA－8“蚜虫”空对空导弹，类似米－24，但机头换装双管30毫米机炮；米－24R，每次可采集6个土壤样本，以供NBC战分析（原子战、生物战、化学战）；米－24K，在机舱装更大照相机；米－24BMT，扫雷型；米－24生物勘查型，用于探索水面上油污染及季节性水位变化；米－25，米－24D的出口型；米－35，米－24V的非武装出口型；米－35P，米－24P的出口型，米－35M，为满足俄罗斯军方最新机动性要求而升级，装米－28直升机的旋翼、尾桨和传动系统，减轻了重量，装备新的电子设备。

米－24武器系统包括一挺遥控4管“卡特林”12.7毫米机枪，储弹量1470发，4枚AT－2“蝇拍”式反坦克导弹，多种火箭、炸弹、布雷器，最多可装1500千克常规炸弹，试装AA－8“蚜虫”、AA－11“射手”空空导弹。米－24P空重8200千克，正常起飞重量11200千克，最大起飞重量12000千克。最大平飞速度335千米/小时，巡航速度270千米/小时，实用升限4500米，作战半径（最大军用载荷）160千米，航程（标准内部燃油）500千米，最大续航时间4小时。

你知道吗

米里仅一年就研制出米－4

1951年斯大林召见航空设计师，要求研制一种12座的运输直升机供部队使用。米里接到任务后，领导设计师们日夜奋战，仅用一年时间就研制出部队急需的米－4直升机。1953年投入批生产，并大量装备部队。米－4有7项打破当时的直升机世界纪录并在国际航展上获得金奖。米－4连续生产14年，有40多种改型，销往世界34个国家。

卡－50武装直升机

卡－50，原编号为卡－136，是苏联卡莫夫设计局研制的新型共轴反转旋翼武装直升机。北约组织给予的绰号“噱头”，俄军将其命名为“黑鲨”或

"狼人"。卡－50于1977年完成设计，原型机于1982年7月27日进行首次飞行，1984年首次公布，1991年开始交付使用，1992年底获得初步作战能力。

卡－50主要用于完成反坦克任务，此外还可用来执行反舰/反潜、搜索和救援、电子侦察等任务。卡－50采用了很多先进技术，如红外抑制技术、红外诱饵撒布装置和装甲、先进的火控技术。1996年，卡莫夫设计局公开了卡－50的双座型卡－52，俄军将其命名为"短吻鳄"。卡－50与卡－52协同作战，形成黄金搭档。

卡－50武装直升机

米－26直升机

米－26苏联米里设计局（现改名为米里莫斯科直升机厂股份公司）研制的双发多用途重型运输直升机，北大西洋公约组织给的绰号为"光环"。这种直升机是继米－6和米－10以后发展的重型运输直升机，也是当今世界上最重的直升机。为开发西伯利亚及北方沼泽和冻土地带，苏联决定发展一种全天候重型运输直升机。在20世纪70年代初开始方案论证，目标是其装载能力要达到以前生产直升机的1.5～2倍以上，正式研制工作大约持续了3年，原型机于1977年12月14日首次试飞。1981年6月，米－26的预生产型在34

米－26直升机

届法国巴黎航空展览会上首次公开展出，1982 年开始研制军用型，1983 年米－26 交付使用，1986 年 6 月开始出口印度。总计制造了约 300 架。目前仍在生产。米－26 已发展有米－26A、米－26T、米－26P 及米－26M 等多种型别。

拓展阅读

“油老虎”米－26

米－26 的两台发动机燃油消耗非常大，达每小时 2.5 吨，约 3000 升。油料消耗大，其动力亦非常巨大，相当于 50 辆法拉利跑车的马力总和。伴随巨大的燃油消耗，米－26 的飞行成本自然奇高。在汶川地震中，米－26 吊运一台挖掘机往返大约需要 25 分钟，按当时每吨燃油 7000 元人民币计算，所有费用总计约 3 万元人民币。

米－26 直升机具有极其明显的军事用途，这种直升机最大内载和外挂载荷为 20 吨，相当于美国洛克希德公司 C－130“大力士”的载荷能力。米－26 直升机主要用于没有道路和其他地面交通工具不能到达的边远地区，为石油钻井、油田开发和水电站建筑工地运送大型设备和人员。米－26 往往需要远离基地到完全没有地勤和导航保障条件的地区独立作业，因此，要求直升机必须具备全天候飞行能力。

2008 年 5 月 26 日上午 11 时 5 分，一架红色米－26 直升机吊装了一台重约 13.2 吨的重型挖掘机前往唐家山堰塞湖坝体。

2008 年 5 月 25 日 15 时 50 分许，由俄罗斯支援中国四川抢险救灾的一架米－26 重型运输直升机飞抵四川德阳市广汉机场，将执行吊运大型机械设备的任务，仅用两架次就将唐家山堰塞湖 230 名受灾群众转移到安全地带。

2008 年 5 月 29 日，四川汶川大地震之后形成的最危险的堰塞湖——唐家山堰塞湖抢险取得阶段性胜利。在岷江主汛期到来之前，为确保天府之国的平安立下汗马功劳。

AH－1 武装攻击直升机

AH－1“眼镜蛇”是贝尔公司为美国陆军专门研制的世界上第一种“专门设计的专用的”武装攻击直升机。20 世纪 60 年代中期，美国陆军根据越南战场上的实际需要，迫切要求迅速提供一种高速的重装甲重火力武装直升机，用来为运兵直升机提供沿途护航或为步兵预先提供空中压制火力。因为当时用普通运输直升机临时加机枪改装的火力支援直升机不仅速度慢，而且无装甲保护，火力也不强。

AH－1 武装攻击直升机

AH－1“眼镜蛇”直升机由于其飞行与作战性能好，火力强，被许多国家广泛使用，并几经改型。AH－W“超眼镜蛇”直升机是新近推出的最新型反坦克直升机。该机更突出了高温高原性能，具有全天候昼夜作战能力和一定的空战/自卫能力。贝尔公司 1989 年又发展了四桨叶的 AH－1（4B）W“毒蛇”直升机，采用了先进无轴承旋翼，载运能力将提高一倍，飞行性能也将有较大提高。

广角镜

AH－1 在海湾战争中

在海湾战争中，AH－1 发挥了极大的作用。按美军《海湾战争报告》记叙，AH－1 的主要任务是在白天、夜间及恶劣气候条件下提供近距离火力支援和协调火力支援。它还可执行为突击运输机直升机武装护航、指示目标、反装甲作战、反直升机作战、对付有威胁的固定翼飞机（实施重点防空和有限区域防空）、侦察等任务。

S-70战斗突击运输直升机

S-70是西科斯基飞机公司为美国陆军研制的双发单旋翼战斗突击运输直升机。美陆军编号UH-60A、UH-60C，绰号“黑鹰”。1972年开始研制，第一架原型机于1974年10月首飞，1977年8月开始生产，1979年4月开始交付使用。该机的主要任务是战斗突击运输，伤员疏散、侦察、指挥及兵员补给等任务，是美国陆军20世纪80年代直升机的主力。

S-70战斗突击运输直升机

“黑鹰”作为突击运输直升机在执行低飞作战任务时，极易遭受地面火力攻击，故该机在提高生存力方面采取了很多措施。例如，其机身及旋翼在制造上大量使用各类防弹材料，驾驶舱和发动机的关键部件均设有装甲；两台发动机由机身隔开，相距较远，如有一台被击中损坏，另一台仍可继续工作。而“黑鹰”的抗坠毁措施尤其值得一提，它采用固定式抗坠毁起落架、机身下部的蜂窝状填料以及高效减震座椅等。

“黑鹰”改进型有SH-60B“海鹰”，反潜/反舰导弹防御型；EH-60A电子对抗型；HH-60D“夜鹰”是空军的战斗支援型；EH-60B远距离目标跟踪系统型；SH-6F美国海军用作战型。

除美国之外，S-70的主要出口装备国有希腊、日本、澳大利亚、西班牙、泰国、韩国等。

阿帕奇武装直升机

AH－64“阿帕奇”直升机是美国最先进的具有全天候、昼夜作战能力的武装直升机，由美国原休斯直升机公司研制，编号休斯77型。AH－64直升机于1975年开始研制，主要用于反坦克作战。与其他直升机相比，“阿帕奇”的突出特点是：①火力强，它以反坦克导弹为主要武器，另外还有机炮和火箭等；②装甲防护和弹伤容限及抗坠性能好；③飞行速度快；④作战半径大，可达200千米左右；⑤机载电子及火控设备齐全，具有较高的全天候作战能力和较完善的火控、通信、导航及夜视系统；⑥具有“一机多用”能力。

基本小知识

休斯直升机公司

休斯飞行器公司是美国主要的一家防务和航天公司，包括休斯航天与通讯公司和休斯直升机公司。由霍华德·休斯在1932年创建。休斯直升机公司成立于1957年，该公司制造过大量的直升机，其最著名的产品为H－17，O/AH－6，AH－64。1984年被麦道公司以5亿美元收购，成为麦道直升机。1996年随麦道并入波音成为波音直升机。

AH－6的最大平飞时速307千米，实用升限6250米，最大爬升率16.2米/秒，航程578千米。主要武器：机头旋转炮塔内装一门30毫米链式反坦克炮、四个外挂点可挂八枚反坦克导弹和工具，19联装火箭发射器。最大起飞重量7890千克。机上还装有目标截获显示系统和夜视设备，可在复杂气象条件

AH－6武装直升机

下搜索、识别与攻击目标。它能有效摧毁中型和重型坦克，具有良好的生存能力和超低空贴地飞行能力，是美国当代主战武装直升机。

在第一次海湾战争实施大规模空袭前22分钟，8架“阿帕奇”攻击直升机从750千米外的基地起飞，发射了3枚“海尔法”导弹，导弹沿着波束飞向伊拉克西部两个地面雷达站，不到两分钟，就彻底摧毁了它们，从而为空袭部队提供了安全走廊，保证了空袭成功。其后，AH－64“阿帕奇”直升机又以单机摧毁23辆坦克的纪录载入史册。

CH－47“支奴干”运输直升机

CH－47“支奴干”是美国波音·伏托耳直升机公司研制的双旋翼纵列式全天候中型运输直升机，美国公司编号波音114/414。1956年开始研制，1961年4月28日第一架原型机YCH－47A总装完成。1961年9月21日进行首次悬停飞行。该机是根据美国陆军的全天候中型运输直升机要求设计的，可以在恶劣的高原高温组合条件下完成运输任务。

“支奴干”直升机的主要型别有：CH－47A，最初生产型，第一架于1962年8月16日交付给美国陆军，共交付美国陆军354架，泰国皇家空军4架，现已停产；CH－47B，CH－47A的发展型，1967年5月10日开始交付，总共生产了108架，1968年2月交付完毕；CH－47C，CH－47B的改进型，加强了传动系统，满足了美国陆军提出的新要求，即在大气温度35℃、1220米高度条件下，外

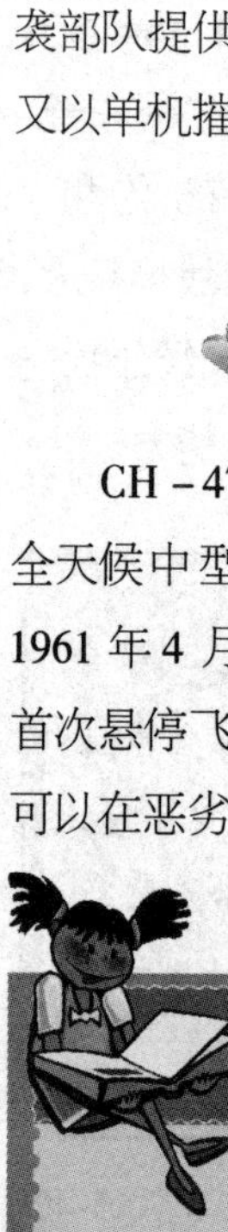

拓展思考

飞机与直升机的区别

飞机是由动力装置产生前进推力，由固定机翼产生升力，在大气层中飞行的重于空气的航空器。直升机是以动力驱动的旋翼作为主要升力来源、能垂直起落的重于空气的航空器。它既区别于以旋翼作为主要升力来源但不能垂直起落的旋翼机又区别于不是以旋翼作为主要升力来源的垂直起落飞机。

"支奴干"直升机

挂6800千克载荷起飞，活动半径56千米，CH－47C于1967年10月14日首次试飞，1968年3月开始交付，1980年夏天交付完毕，共交付美国陆军270架；CH－47D，CH－47系列的最新改进型，第一架标准原型机于1979年5月11日首次试飞，1984年2月28日首次装备美101空降师达到初始作战能力，能执行各种战斗与支援任务，包括运送部队、火炮装置和战场补给。

"支奴干"出口的国家和地区相当广泛，主要包括英国、西班牙、澳大利亚、韩国等，我国也曾在20世纪80年代购买过6架"支奴干"直升机。

CH－46运输直升机

CH－46"海骑士"运输直升机首飞于1958年，正式服役于美国海军则在1960年，担任运输物资、人员等任务。虽然并非是特种作战直升机，但它却经常执行一些特种军事任务。

CH－46运输直升机

CH－46直升机是美国海军陆战队最主要的军用直升机之一，这种直升机外形有点像公共汽车，双螺旋桨。海军陆战队主要用它把部队从舰上运到岸上，或把部队从营地运到作战前沿位置。而美国海军则用这种直升机把装备运到舰上或执行搜索与救援任务。

CH－46 直升机由美国波音公司制造。在整个服役期内，CH－46 直升机问题多多，命运时起时落。由于事故频繁，加上又不能弃之不用，所以美军只得经常进行检查，而且海军陆战队下令每架 CH－46 每次只能载 12 人而不是原来规定的 25 人，所以每小时飞行的代价比以前上升了 75%。

在越南战争期间，这种直升机发挥了极大的作用。CH－46 初次服役是在越南战争时期，一开始用于从海军舰只上向陆上运送部队和货物，或者从陆上送到舰上，另外还执行了成千上万次救护受伤陆战队员的任务。自从越战以来，CH－46 几乎参加了所有美军大型的军事行动，包括 2001 年的阿富汗战争以及后来的伊拉克战争。

你知道吗

旋翼系统是直升机最重要的活动部件

旋翼系统既为直升机提供升力，又用于对直升机进行操纵。它包括桨叶、桨毂、拉杆、扭力臂、自动倾斜器等部件。旋翼的基本功能类似于飞机机翼，其桨叶剖面采用一定的翼型形状。当旋翼旋转时，它可以产生向上的升力。对直升机来说，旋翼既起到了飞机机翼的作用，又起到了螺旋桨的作用。不仅如此，旋翼还起到飞机副翼、升降舵和方向舵的作用。

知识小链接

伊拉克战争

以美国为首的联军在 2001 年 10 月 7 日起对阿富汗盖达组织和塔利班的一场战争，为美国对“9·11”事件的报复，同时也标志着反恐战争的开始。联军官方指这场战争的目的是逮捕本·拉登等盖达成员并惩罚塔利班对恐怖分子支援。

山猫直升机

“山猫”是英国韦斯特兰直升机公司和法国航宇公司共同研制的多用途直升机。该机 1968 年 4 月开始研制，韦斯特兰公司领导设计工作。1971 年 3 月 21 日，第一架“山猫”的原型机首飞。1974 年初，“山猫”开始批量生产，装备在英国海军、陆军和法国海军。

拓展阅读

“超山猫 300”与搭载武器

“超山猫 300”直升机可执行反舰、反潜、搜索和救援行动以及海上侦察任务，还可与小型舰艇搭配实施作战行动。机上可容纳 11 名人员（包括两名机组成员），外部载重可达 1.36 吨。它装备有一套红外监视系统，用于对目标进行识别。此外，该型直升机还可装备 4 枚“海上大鸥”或两枚“企鹅”反舰导弹。

“山猫”作为一种多用途的军用直升机，到目前为止已有 20 种不同改进型。其中主要有：“山猫”AH. Mk1，英国陆军通用型；“山猫”HAS. Mk2，英国海军轻型反潜反舰直升机；“山猫”HAS. Mk2，法国海军型；“山猫”HAS. Mk3，加大功率的英国海军型；“山猫”HAS. Mk3GM，英国海军阿拉伯海湾巡逻型。

山猫直升机

韦斯特兰公司与意大利阿古斯特公司合并后，又将“山猫”进行重大改进，以适应技术发展和客户的不同要求，推出了最新的“超山猫 300”直升机。该机于 2002 年 7 月在英国范堡罗航展上首次露面。

海王直升机

“海王”是英国韦斯特兰直升机公司在美国西科斯基公司的S－61直升机的基础上研制的反潜直升机。该机采用了S－61的基本设计，换装了动力装置，并安装了一些专用设备，主要任务是反潜，也可以执行搜索和救援、运输等任务。

“海王”除反潜型外，还有空中预警型、救援型、搜索型、支援型等。除英国外，印度、澳大利亚、埃及等多国均装备了“海王”直升机。

海豚直升机

“海豚”是法国航宇公司（现欧洲直升机公司）研制的一种轻型运输直升机。1972年6月原型机试飞成功，20世纪70年代中期开始交付使用。目前已发展了多种型别，主要包括：SA365N，运输型；SA365F，反舰反潜型；SA365M，多用途军用型。

“海豚”直升机采用了大量复合材料，涵道式尾桨提高了安全性，起落架为前三点可收放式，机载设备比较先进，可执行多种任务。包括我国在内的许多国家，都引进了海豚直升机。

基本小知识

欧洲直升机公司

欧洲直升机公司是欧洲宇航防务集团（EADS）下属的全球最大的直升机制造公司。

目前欧洲直升机公司在全球有3个零配件中心，分别设立在巴黎、达拉斯和香港。

航天飞行器

CONG MENGXIANG DAO FEIXIANG LANTIAN

航天飞机是可重复使用的、往返于太空和地面之间的航天器，结合了飞机与航天器的性质。它既能代表运载火箭把人造卫星等航天器送入太空，也能像载人飞船那样在轨道上运行，还能像飞机那样在大气层中滑翔着陆。航天飞机为人类自由进出太空提供了很好的工具，它大大降低航天活动的费用，是航天史上的一个重要里程碑。

虽然世界上有许多国家都陆续进行过航天飞机的开发，但只有美国与苏联实际成功发射并回收过这种交通工具。但由于苏联的解体，因此全世界仅有美国的航天飞机机队可以实际使用并执行任务。

不过，高昂的成本和安全隐患，使航天飞机终成人类航天征途上的苦涩插曲。2011 年 7 月 21 日美国“亚特兰蒂斯”号航天飞机在佛罗里达州肯尼迪航天中心安全着陆，预示着美国 30 年航天飞机时代宣告终结。

航天飞机的里程碑

1981年4月12日，世界上第一架由火箭发射上天的飞机在美国大西洋边上的卡纳维拉尔角升入太空，实现了人类长期以来的梦想。

这种飞机既可以在大气层内滑翔，又可以由火箭帮助，飞到大气层的边缘，绕地球飞行。如果它想返回地球，只需从绕地球环绕的轨道上下降，进入大气层，滑翔着陆。与一般飞机相比，它没有进气道，因为它装的不是涡轮发动机，而是火箭发动机。由于它要靠自己滑翔着陆，因此必须有一般飞机所具有的机翼和襟翼，还要有垂直尾翼和方向舵。

美国第一架航天飞机——“哥伦比亚”号起飞

美国的航天飞机是目前世界上最昂贵、最复杂的飞行器，它的一个最大的优点就是可以反复使用，每一次飞行完毕，只需全面地检查一下每个部件的情况，更换一部分部件后又可以重上蓝天。而以前飞出大气层的飞行器都无法重复使用，无论是运载火箭，还是宇宙飞船，因而造成人力和物力的浪费是很大的，一般国家根本无法承担频繁发射的费用。

拓展阅读

创业号航天飞机轨道器试飞成功

1969年4月，美国宇航局提出建造一种可重复使用的航天运载工具的计划。1972年1月，美国正式把研制航天飞机空间运输系统列入计划，确定了航天飞机的设计方案。1977年2月研制出一架创业号航天飞机轨道器，由波音747飞机驮着进行了机载试验。1977年6月18日，首次载人用飞机背上天空试飞，飞行试验圆满完成。

1986年1月28日，同样是在美国的卡纳维拉尔角的肯尼迪航天中心，美国人准备进行航天飞机的第10次飞行。“挑战者”号航天飞机在万众注目之下，准备升空。这次航天飞机的飞行意义非同寻常，因为7位宇航员中有一位是普普通通的中学女教师麦考利夫。一位普通的人稍加训练，便可以成为遨游太空的宇航员，这向人们展示了一个十分光明的前景，普通人环绕地球飞行的日子已为期不远。然而，在“挑战者”升空1分多钟以后，发生了爆炸，巨大的爆炸声响过之后，“挑成者”连同七位勇敢的宇航员化成了碎片，洒落在波涛汹涌的大西洋中。人们惊呆了，无法相信眼前的事实。

1986年1月18日美国“挑战者”号航天飞机在发射升空后不久爆炸

基本小知识

肯尼迪航天中心

肯尼迪航天中心位于美国东部佛罗里达州东海岸的梅里特岛，成立于1962年7月，是美国国家航空航天局进行载人与不载人航天器测试、准备和实施发射的最重要场所，其名称是为了纪念已故美国总统约翰·肯尼迪。

这个悲剧发生的原因很简单，是因为一个橡片圈出了问题，液体燃料漏了出来，引起了起火爆炸。人类征服太空的活动，容不得一点疏忽。

尽管发生了这样的悲剧，但航天飞机给人类带来的征服太空的信心是无法估量的。美国人仍在下大力气完善和发展这种造价达10多亿美元的航天飞行器。因为它无论是在科学研究、工业生产，还是军事应用上都有十分重要的作用。航天飞机可以用于发射卫星、修理卫星甚至将卫星抓住，带回地球。

它还可以成为未来空间站的“太空渡船”。

航天飞机溯源

20 世纪二三十年代的时候，人们对航天器有两种基本构想：一种是发展一次使用的运载火箭，另一种是可以重复使用的火箭推进的飞机。

前面的想法由于技术上难度小，而且由于 20 世纪前 50 年的两次世界大战，促进了运载火箭的发展，满足了军事上的一部分需要，如法西斯德国在第二次世界大战发展的 V－2 火箭。后一种想法基本停留在理论设想和零基的试验上，一直没有多大的发展。

趣味点击 **我国曾为是否制造航天飞机争论 3 年**

美国航天飞机的成功产生了巨大的轰动，我国国内主导意见是上航天飞机项目。在整整争论了 3 年后，1992 年中国载人航天计划工程正式制定，提出了研制和运行以空间站为核心的载人航天系统，而天地往返系统确定为宇宙飞船。当年力主宇宙飞船方案的航天专家王希季院士说：“如果中国当时研制航天飞机，那么现在载人计划（神舟飞船）恐怕早就下马了。

1928 年，一位叫尼久皮尔的德国人，用固体火箭装在滑翔机上飞行，虽然仅飞了 1 分钟，但总算是第一架火箭推动的飞机。

真正提出了科学的火箭飞机设计的是奥地利工程师桑格尔，他后来也成了德国人。他对火箭的飞行进行了深入的研究，提出了火箭飞机的基本构想：

火箭飞机从地面垂直起飞，加速到高空时再平行于地球表面飞行，加速至最大速度，然后滑翔飞行。

他设想用推力为 600 吨的固体火箭做起飞助推器，推动置于长度为 3 千米的斜滑轨上的火箭飞机起飞，然后再甩推力为 100 吨的液体火箭发动机使其爬升加速到每小时 2575 千米，从地球直径的一端飞到另一端，航程约

23500 千米。

He－176 的原型机

世界上最先研制出火箭发动机的是德国，He－176 是有史以来第一架使用液体燃料火箭发动机作为推进动力的飞机。

1935 年 5 月，德国航空部发布招标书，要求各厂商设计一种火箭截击机以拦截敌方可能来犯的高速轰炸机。同年底，德国亨克尔教授与工程师布劳恩开始合作，运用火箭工程原理，在一架亨克尔的 He－112 战斗机上安装了火箭发动机。1937 年夏，这种拼凑起来的试验机首次飞行获得成功。

此后，经过两年的努力，亨克尔教授终于研制成功了装有火箭发动机的火箭飞机——He－176 飞机。He－176 于 1939 年 6 月 20 日在佩内明德正式首次试飞，驾驶员是埃里希·瓦西茨。但德国航空部领导层对 He－176 不感兴趣，还以火箭飞行危险为由，禁止继续进行测试。此后这条禁令被两次撤销两度恢复。同年 7 月 3 日，这架飞机又为希特勒和戈林进行了表演。但是飞机并没有得到希特勒的认可，不久便下达了取消该项目的最终命令。原型机此后在亨克尔的工厂内待了几年，接着被送到柏林的航空博物馆，1944 年损失于空袭之中。

此后，德国的另一位飞机设计师亚历山大·利皮施研制出了 Me－163。这架飞机于 1941 年 10 月 2 日试飞成功，成为世界上最早的实用火箭飞机。此后，德国成立了第 16 特别飞行队，专门从事 Me－163 的试飞和训练德国空军的第一支火箭截击部队工作。

我国著名的科学家钱学森，1949 年正在美国的大学担任教授，也提出了用火箭助推的洲际运输飞机的设想。

继 1947 年美国人用 X－1 火箭飞机做了超过音速的飞行以后，于 1962 年制造了 X－15 火箭飞机，用一台推力为 26 吨多的液体火箭推动飞机飞行，创造了 6 倍音速的世界纪录，1967 年这架飞机飞行高度达到了 108 千米。

此后，以美国为主的西方各国致力于火箭飞机的设计、研究，他们将火箭飞机与空间站等许多未来的太空飞行器设想联系在一起考虑，希望火箭飞机能成为未来太空站与地球之间的桥梁。

拓展思考

航天飞机与宇宙飞船区别

航天飞机是能够重复使用的太空飞行器，以飞机降落的方式返回，在机场滑行时有减速伞减速；宇宙飞船只能使用一次，垂直降落返回，在大气层由降落伞减速，接近地面时由喷气反推减震。不过二者都是靠火箭发射上去的。

1972 年 1 月，美国政府正式批准开展航天飞机的研究，它实际上是人们一直孜孜不倦追求的火箭飞机。10 年以后，第一架航天飞机“哥伦比亚”号终于升空了。航天飞机正如它英文的字面意思“穿梭机”一样，是往返于太空与地球之间的飞梭。

苏联也不甘心落后，于 1988 年利用世界上最大的火箭“能源”号，发射了苏联的第一架航天飞机“暴风雪”号，这种飞机是无人驾驶的，主要是为了检验“暴风雪”号的飞行能力。

航天飞机的结构

航天飞机的整个系统比世界上任何的飞机都要复杂得多。

美国人的航天飞机系统是由三部分组成的：一个庞大的液体燃料贮箱，两个固体火箭助推器，加上航天飞机本身。

这两个固体火箭助推器，实际上就是两枚火箭，它们的长度是 45 米，直径 3.7 米。在发射航天飞机时，两台发动机产生的推动力大约为总推动力的四分之三，在飞行约两分钟后，它的固体燃料全就用完，于是与连在一起的液体燃料箱分离。它在返回地面时，张开降落伞，落在大西洋中，由船队打捞回收，以便下次使用，据说这种助推器可以使用 20 次。

固体火箭助推器有一个缺点，一旦它被点火，在燃料未被消耗完之前，

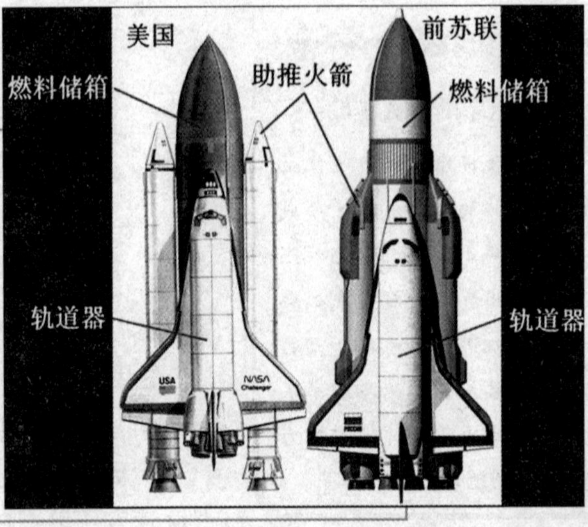

航天飞机的构造图

无法关机熄火，而液体火箭发动机可以随时熄火。因此，在航天飞机发射时，总是航天飞机的3台以液态氢和液态氧作燃料的主发动机先点火，待燃料燃烧稳定以后，再给固体火箭助推器点火。

液体燃料储箱是一个十分粗大的家伙，装满了液态的氢和液态的氧。它长达47米，直径有8米多，可以装60多吨液氧和16多吨液氢，航天飞机的主发动机工作所需要的燃料就是它供给的。

当固体火箭助推器分离后，航天飞机与燃料箱一起再飞8分钟，这时已飞出大气层，接近了绕地球飞行的高度，液态燃料也已经消耗完毕，燃料箱与航天飞机分离，它随后坠入大气层，被高温烧成碎片落入大洋深处。

航天飞机比起助推器和燃料箱都短得多，它只有37米多长，结构非常复杂，除装有3台主发动机外，还有许多台小发动机。这些小发动机主要是在太空中用的，那里已没有空气，只要用很小的推力就可以使航天飞机改变姿态。

航天飞机的运货舱有18米多长，可以装上20多吨重的东西，比如卫星、空间站的部件、星球大战用的太空武器等，利用这么大的空间，还可以开展一些科学实验。

你知道吗

第一位登上太空的华人王赣骏

1974年，王赣骏提出在航天飞机上做“液滴动力实验”的建议。1975年成为美国公民。1985年4月29日至5月6日，他在佛罗里达州肯尼迪航天中心乘坐挑战者号航天飞机进行了为期7天的太空飞行，于加利福尼亚爱德华空军基地返回落地，并完成自己设计的零重力下液滴动态行为的物理实验。

航天飞机可以运载许多名宇航员上天，让他们在太空中行走，去回收和修理卫星，甚至可以将别国的卫星偷走……航天飞机以7千米/秒多的速度绕地球飞行。如果携带精密的望远镜，还可以仔细观察地球表面，这在战争期间特别有用，它可以发现敌方的兵力部署情况，及时告诉己方军队指挥部，随机应变。

航天飞机在返回地球时，以很快速度下降，在航天机的头部，温度可以达到几千摄氏度。因此，在它的头部和一些地方贴满了陶瓷做成的防热瓦。

1986年的“挑战者”号爆炸给全世界以震惊，也许有人会问，难道航天飞机就没有救生系统吗？有的。如果在空中飞行，它可以将宇航员底舱那一块整个地弹射出来。当然，要及时发现故障，才能知道是否需要弹射救生了。

很多的运载火箭都是在发射台上爆炸的，尤其是用液氢、液氧燃料时，一点儿火星就会引起一场大爆炸。由于美国的航天飞机用了一个巨大的液体燃料箱，因此，发射台上的救生系统还是必要的。将两根钢索拉到发射架上，一旦出现危险，宇航员就可以沿着钢索滑到地下掩体中保住性命。

1988年11月15日，苏联第一架航天飞机“暴风雪”号在拜科努尔发射成功

1988年11月，苏联继美国之后，发射了自己制造的航天飞机——“暴风雪”号航天飞机。这架航天飞机与美国人的十分相似，它用世界上推力最大的火箭送上太空，苏联的航天飞机与美国的航天飞机最大的区别是：它没有装主发动机。因而在绕地球飞行时，无法调整离地球的高度，没有美国的航天飞机那样灵活。由于没有主发动机，它的货舱要大一些，可以送更多的东西上天，成为名副其实的太空货船。

航天飞机的未来

未来的航天飞机将是什么样子，人们已设想出了它的大致蓝图。

这种飞机不再需要火箭助推了，它可以从世界上任何一个较大的机场起飞，然后加速至音速的许多倍，在大气层外飞行，然后穿过大气层降落。因为用火箭助推器的航天飞机，使用起来很不方便，世界上只有很少的地方有大型火箭发射场，更谈不上将这种飞机用于民航载客运货了。

美国人为了保持领先地位，首先开始了新的计划。这个计划有一个很怪的名字“铜谷”，这种新式飞机不再叫航天飞机了，而叫国家空天飞机。它以氢做燃料，由人驾驶从地球的机场上起飞，加速到大大超过声速的速度，在大气层外绕地球飞行；如果用它来做客机，便给它一个更妙的名字“东方快车”。乘坐这种飞机旅行，从美国的首都华盛顿到中国的首都北京只需两个小时。坐着它，一天可以绕地球好几圈。

这种飞机以氢做燃料，让它与空气混合燃烧，以推动飞机前进。到目前为止，氢是世界上能够找到的最好的燃料。它燃烧后产生水蒸气，不破坏地球的环境。缺点是体积太大，用它做燃料，要占用飞机上的许多空间。不过科学家想出了一种办法，不但使气体状态的氢冷冻到了液态，而且将液态冷冻成了固态；空天飞机就可用一半的液态氢与一半的固态氢混合在一起做燃料了，他们给这种燃料取了一个名字叫氢浆。

在美国大力发展空天飞机的同时，西方先进的工业国家，也开始发展自己的空天飞机计划。

欧洲空间局制造了一种叫“赫尔墨斯”的空天飞机。这种飞机只有15米长，能把3名乘员和约2吨重的东西送入太空，绕地球飞行，已于1998年开始正式载人飞行。

德国的空天飞机很有特点，用“桑格尔”命名，以纪念杰出的航天先驱桑格尔。它分成两级，货机载于有人驾驶的母机上，由母机背上起飞送上太空，货机无人驾驶，可以将1.4吨重的东西送入太空。

英国人的计划与美国人的类似，他们制造了一架“霍托尔”空天飞机，它能水平起飞和降落，使用液氢和液氧作燃料，能够将11吨的货物运上太空。

知识小链接

液 氢

氢的液化采用压缩、膨胀、冷却、压缩循环过程。液氢与液氧组成的双组元低温液体推进剂的能量极高，已广泛用于发射通讯卫星、宇宙飞船和航天飞机等运载火箭中。液氢还能与液氟组成高能推进剂。

水平起降的空天飞机对人类有极大的吸引力，同时它的技术难度也非常大。比如，它的发动机与目前世界上任何发动机都不同，制造难度最大，因为当飞机以音速的十几倍速度飞行时，常常会使发动机熄火。由于空天飞机的速度达到了十几倍声速，地面上的一些实验设备无法胜任实验任务。

目前使用的航天飞机还是很初级的，它既不能像普通飞机那样从跑道上起飞，也不能自由地选择飞行角度，而且在飞行过程中还要分离两个火箭助推器，然后还要再分离一个外贮箱，其过程不仅复杂，而且耗资也较大（外贮箱不能重复使用），对航天飞机进行彻底的改造已势在必行。于是，一种被称作“真正的航天飞机”的航天飞机，正在从设计室走向工厂。

“真正的航天飞机”将采用单“级”式，即它不再有外贮箱，因此，在其飞行过程中也就无需分离什么装置。在去除了这些外部装置之后，它将使用一种新研制的被称作“斯拉须”（slush）的高能油脂氢燃料。据说，在使用这种燃料以后，在获得同样推力的条件下，可使航天飞机起飞重量减少约

30%，从而使航天飞机的质量比获得大幅度提高。不过，这种新型燃料要比液氢更稠密，因此在导管里输送时将需要施加较大压力。另外，它燃烧时所产生的高温，要求有能与之相适应的超级耐高耐高压的轻型材料做发动机及相应的仪表。目前这些环节上的技术问题还未能完全解决。

设计中的这种“真正的航天飞机”，在摆脱了火箭助推器和外贮箱的累赘之后，其外形尺寸将与波音737客机差不多，而且它也不再采用垂直发射的方式，而会像普通的飞机那样从跑道上起飞，并可选择任意飞行角度，飞入空间轨道。

航天飞机的权威设计师告诉我们，这种“真正的航天飞机”的升空，将是人类在征服太空漫长征途中迈出的重要的一步。它将使未来的太空旅行成为更舒适、更方便，也更适合普通大众的一种平常的飞行。

“暴风雪”号航天飞机

1988年11月15日莫斯科时间清晨6时整，苏联的“暴风雪”号航天飞机从拜科努尔航天中心首次发射升空，47分钟后进入距地面250千米的圆形轨道。它绕地球飞行两圈，在太空遨游3小时后，按预定计划于9时25分安全返航，准确降落在离发射地点12千米外的混凝土跑道上，完成了一次无人驾驶的试验飞行。

“暴风雪”号航天飞机大小与普通大型客机相差无几，外形同美国航天飞机极其相仿，机翼

拓展阅读

美国航天飞机机队

“开拓者”号（也称“企业”号，“进取”号）只用于测试，一直未进入轨道飞行和执行太空任务。“哥伦比亚”号，1981年4月12日首航，坠毁于2003年2月1日。“挑战者”号，1983年4月4日首航，坠毁于1986年1月28日。“发现”号，1984年8月30日首航。“亚特兰蒂斯”号，1985年10月3日首航。“奋进”号，1992年5月7日首航。

呈三角形。机长 36 米，高 16 米，翼展 24 米，机身直径 5.6 米，起飞重量 105 吨，返回后着陆重量为 82 吨。它有一个长 18.3 米，直径 4.7 米的大型货舱，能将 30 吨货物送上近地轨道，将 20 吨货物运回地面。头部有一容积 70 立方米的乘员座舱，可乘十人。

你知道吗

“暴风雪”号航天飞机暗淡收场

1988 年 11 月 15 日，苏联的“暴风雪”号航天飞机首次发射升空，它在多项指标上超越了美国的航天飞机。首飞后，用于“暴风雪”计划的资金濒临耗尽，苏联当局也逐渐考虑起庞大的投资与发展航天飞机带来的益处之间的关系。苏联解体后，昔日的计划更是彻底失去了经济支持。1991 年，军方停止了对该计划的拨款支持，“暴风雪”号计划就此结束。

科学家认为，这次完全靠地面控制中心遥控机上的电脑系统，在无人驾驶的条件下自动返航并准确降落在狭长跑道上，其难度比 1981 年美国航天飞机有人驾驶试飞大得多。首先，“暴风雪”号的主发动机不是装在航天飞机尾部，而是安装在能源号火箭上，这样就大大减轻了航天飞机的入轨重量，同时腾出位置安装小型机动飞行发动机和减速制动伞。其次，“暴风雪”号着陆时，可用尾部的小型发动机做有动力的机动飞行，安全准确地降落在狭长跑道上，万一着陆失败，还可以将航天飞机升起来进行第二次着陆，从而提高了可靠性。而美国航天飞机靠无动力滑翔着陆只能一次成功。第三，“暴风雪”号能像普通飞机那样借助副翼，操纵舵和空气制动器来控制在大气层内滑行，还准备有减速制动伞，在降落滑跑过程中当速度减慢到 50 千米/小时自动弹出，使航天飞机在较短距离内停下来。

“暴风雪”号首航成功，标志着苏联航天活动跨入一个新的阶段，为建立更加完善的天地往返运输系统铺平了道路。原计划一年后进行载人飞行，但由于机上系统的安全可靠尚未得到充分保证，加之其后政治和经济等方面的原因，载人飞行的时间便推迟了。

“挑战者”号航天飞机爆炸

1986年1月28日，美国“挑战者”号航天飞机在第十次发射升空后，因助推火箭发生事故凌空爆炸，舱内7名宇航员（包括1名女教师）全部遇难。直接造成经济损失12亿美元，成为人类航天史上最严重的一次载人航天事故，使全世界对征服太空的艰巨性有了一个明确的认识。

遇难宇航员为斯科比、史密斯、麦克奈尔、杰维斯、鬼冢（夏威夷出生，日裔）、朱迪恩·雷斯尼克（女）、麦考利夫（女教师）。

美国东部时间当日上午11时39分12秒，美国佛罗里达州卡纳维拉尔角的肯尼迪航空中心16千米上空，在轰的一声巨响之后，“挑战者”号航天飞机凌空爆炸。美国全部航天飞机飞行因而暂停了3年，“星球大战”计划也遭受严重挫折。

美国在2011前7月21日所有的航天飞机退役。航天飞机退役之后，美国启用新一代的“战神”火箭和“奥赖恩”载人飞船，承担美国人重返月球等载人飞行任务。

广角镜

未被重视的建议

“挑战者”发射的前一天傍晚，为其设计、制造固态燃料火箭助推器的博伊斯乔利和埃比林通过电视会议，足足花了6个小时，力劝美国宇航局推迟“挑战者”号的发射，因为在此之前，他们二人都被告知，佛罗里达的气温已经降至0℃以下。他们知道，这样的条件对火箭助推器的性能将产生重大影响！然而，他们的建议未得到重视！

根据美国总统布什2004年提出的“新太空探索计划”，下一代载人航天器“奥赖恩”负责运送美国宇航员往返国际空间站，并肩负宇航员“重返月球”以及登上火星乃至进入更遥远星际空间的重任。

然而，除了资金以外，技术难题也是另一项考验。美国宇航局负责探索项目的副局长理查德·吉尔布里奇说，目前“奥赖恩”在设计方面的最大挑战是如何将其重量控制到最低水平。

美国航天飞机28年来的历史瞬间：

自从1981年首次发射至今，美国的航天飞机以来已创造了众多历史纪录，航天飞机发射已成为美国载人航天事业的一道独特“风景线”。下面是曾引起新闻轰动的历史瞬间：

1981年4月12日，第一架实用航天飞机“哥伦比亚”号首次升空，两天的飞行主要验证其安全发射和降落的能力，这开创了人类航天的一个新时代。

1983年8月30日，“挑战者”号航天飞机首次实现黑夜发射，6天后又在黑夜降落。宇航员队伍中的布拉福德是第一位“登天”的黑人。

1984年2月3日，“挑战者”号再次发射，在7天的飞行任务中宇航员首次进行了不系带的太空行走。此后宇航员“太空漫步”成为航天飞机任务中经常出现的画面。

1984年10月5日，又是“挑战者”号，首次搭载了7名宇航员升空，其中女宇航员凯瑟琳·苏利文成为第一位太空行走的女性。从此航天飞机经常运送七名宇航员。

1986年1月28日，“挑战者”号在升空73秒后爆炸，7名宇航员全部罹难，此后美宇航局暂停了航天飞机发射任务。

1988年9月28日，“发现”号在航天飞机任务中止32个月后升空，5名宇航员释放了一颗卫星，并完成了几项科学实验，这标志着航天飞机项目再次走上正轨。

1990年4月24日，“发现”号航天飞机将“哈勃”太空望远镜送上轨道，人类有了观察遥远宇宙的“火眼金睛”。

1992年9月12日，“奋进”号升空，这架航天飞机成为宇航员马克·李和简·戴维斯的“婚礼特快”，这两位宇航员是第一对在太空缔结良缘的夫妇。

1995年6月27日，“亚特兰蒂斯”号发射，它实现了航天飞机和俄罗斯的“和平”号轨道空间站首次对接。美国和俄罗斯宇航员在外太空互相“串门”，新闻评论说“冷战”已在地球之外结束。

1996 年 11 月 19 日，“哥伦比亚”号发射，共飞 423 小时 53 分钟，创造了航天飞机停留外太空时间最长的纪录。

1998 年 10 月 29 日，“发现”号搭载着 77 岁的参议员约翰·格伦起飞。格伦是曾搭乘“水星”飞船升空的美国首名宇航员，这次他又成为最高龄的“太空人”。

1999 年 7 月 23 日，“哥伦比亚”号发射，这次指挥它的是艾琳·柯林斯，标志着女性首次成为航天飞机的机长。

2003 年 2 月 1 日，“哥伦比亚”号在返回地面过程中于空中解体，7 名宇航员全部罹难。

拓展思考

“哥伦比亚”号解体原因

“哥伦比亚”号航天飞机外部燃料箱表面泡沫材料安装过程中存在的缺陷，是造成整起事故的祸首。其外部燃料箱表面脱落的一块泡沫材料击中航天飞机左翼前缘的名为“增强碳碳”（即增强碳－碳隔热板）的材料。当航天飞机返回时，经过大气层，产生剧烈摩擦使温度高达摄氏 1400 度的空气在冲入左机翼后融化了内部结构，致使机翼和机体融化，导致了悲剧的发生。

“哥伦比亚”号航天飞机发射

2005 年 8 月 9 日，美国“发现”号航天飞机在美国加利福尼亚州的爱德华兹空军基地安全降落，结束了长达 14 天的太空之旅。这是自失事后，美国航天飞机首次顺利地重返太空，并且平安回家。

2006 年 17 日，发现号航天飞机在佛罗里达州肯尼迪航天中心成功着陆。此次发现号顺利完成国际空间站维修和建设任务，并为国际空间站送去一名宇航员。

2009 年，美国东部时间 5 月 11 日下午 2 时左右，美国“阿特兰蒂斯”号航天飞机从佛罗里达州肯尼迪航天中心发射升空，机上7名宇航员将对哈勃太空望远镜进行最后一次维护。美国西部时间24日8时39分，“亚特兰蒂斯”号航天飞机载着7名宇航员安全降落在加利福尼亚州爱德华兹空军基地，圆满完成了对哈勃太空望远镜最后一次维护的飞行任务。

2009年7月15日（北京时间16日6时3分），美国“奋进”号航天飞机从佛罗里达州肯尼迪航天中心成功升空，启程前往国际空间站日本舱安装最后一个组件。

“亚特兰蒂斯”号航天飞机上的宇航员利用机械臂“捕获”了距离地面约563千米的哈勃太空望远镜。